GAO DENG SHU

高等数学
应用案例

主　编　陈　聆
副主编　梁　莉　余海洋
编　者　冯思臣　刘　锐　谭仁俊

四川大学出版社

责任编辑：梁　平
责任校对：杜　彬
封面设计：艺杰设计
责任印制：王　炜

图书在版编目（CIP）数据

高等数学应用案例 / 陈聆主编. —成都：四川大
学出版社，2018.6
　　ISBN 978-7-5690-1943-8

　　Ⅰ.①高…　　Ⅱ.①陈…　　Ⅲ.①高等数学－高等学校－
教学参考资料　　Ⅳ.①O13

中国版本图书馆 CIP 数据核字（2018）第 123599 号

书名　　**高等数学应用案例**

主　　编	陈　聆
出　　版	四川大学出版社
地　　址	成都市一环路南一段24号（610065）
发　　行	四川大学出版社
书　　号	ISBN 978-7-5690-1943-8
印　　刷	成都金龙印务有限责任公司
成品尺寸	146 mm×210 mm
印　　张	4.25
字　　数	107 千字
版　　次	2018 年 7 月第 1 版
印　　次	2022 年 7 月第 3 次印刷
定　　价	25.00 元

◆读者邮购本书，请与本社发行科联系。
　电话:(028)85408408/(028)85401670/
　(028)85408023　邮政编码:610065
◆本社图书如有印装质量问题，请
　寄回出版社调换。
◆网址:http://press.scu.edu.cn

前　　言

高等数学是高等教育工科数学系列基础课程之一,随着社会和科技发展的需要,高等数学的理论及其应用发挥着越来越大的作用。

本书的编写吸收了国内外众多优秀教材的长处,结合了编者数十年的教学实践和教材改革的经验。为了使同学们在学习基础理论知识的基础上,能够利用所学知识解决相关专业及生活中的实际问题,进一步提高应用数学的能力,编者在查阅大量文献的基础上,经过整理和改编,共选出高等数学应用案例80余例,其中涵括了高等数学知识在物理、化学、生物、地质、环境、经济等各方面的应用。本书在编排上首先给出高等数学每章节重点知识回顾,再从不同角度给出实际例子,旨在增强同学们对高等数学与现实世界中的客观现象的密切联系的体会,进一步提高同学们在各自的专业发展领域的数学应用能力。本书中选用的案例克服了以往诸多案例过于繁琐且不方便读者使用和学习的弱点,所有案例均适合高校本、专科教师在课堂上讲解,也可作为高等数学的初学者学习和参考。

本书由成都理工大学高等数学优秀教学创新团队陈聆教授担任主编,梁莉、余海洋副教授担任副主编,编者有冯思臣、刘锐、谭仁俊。

感谢成都理工大学郭科教授对本书编写架构提出宝贵意见，感谢团队成员季光明教授、闵兰教授、陈宴祥副教授以及张红、李国华等老师在本书素材收集整理上做出的努力，并感谢他们在本书编写上提出的宝贵意见。虽然我们努力使本书成为难度适中并且易于教学与自学的教材，但由于编者水平所限，书中缺点、不足之处在所难免，恳请读者批评指正，以使本书不断修正完善。

编 者

2018 年 1 月

目　　录

一、函数与极限

◆ 基本知识回顾

（一）函数

1. 函数的基本概念

（1）函数的定义　设 x 和 y 是两个变量，如果对于数集 D 中的每一个数 x，变量 y 按照一定的对应法则 f 总有确定的数值与之对应，则称 y 是 x 的函数，记作：$y=f(x)$，$x\in D$。

其中 x 称为自变量，y 称为因变量，D 称为函数的定义域，$R_f=\{y\,|\,y=f(x),x\in D\}$ 称为函数的值域。

（2）反函数的定义　设函数 $y=f(x)$，$x\in D$，对于值域 $R_f=\{y\,|\,y=f(x),x\in D\}$ 中的每一个数 y，都有 $x\in D$，使得 $y=f(x)$，则称 x 是 y 的函数，记作：$x=f^{-1}(y)$，$y\in R_f$，通常改写为 $y=f^{-1}(x)$，$x\in R_f$，并称为 $y=f(x)$ 的反函数。

（3）复合函数的定义　设函数 $y=f(u)$ 的定义域 D_f，函数 $u=g(x)$ 的定义域 D_g，且函数 $u=g(x)$ 的值域 $R_g\subset D_f$，则称函数 $y=f[g(x)]$ 是定义在 D_g 上由 $y=f(u)$ 和 $u=g(x)$ 复合而成的复合函数，u 称为中间变量。

2. 函数的表示

（1）表格法。

（2）图表法。

（3）解析法（公式法）。

函数的显式表达：$y = f(x)$。

函数的隐式表达（隐函数）：$F(x, y) = 0$。

函数的参数表示：$\begin{cases} x = \varphi(t) \\ y = g(t) \end{cases}$。

3. 函数的几种常用特性

（1）有界性　设函数 $y = f(x)$ 定义域为 D，且有 $X \subset D$，

如果 $\exists M \in \mathbf{R}^{+}$，使得 $\forall x \in X$，有 $|f(x)| \leqslant M$，则称函数 $f(x)$ 在 X 上有界。

（2）单调性　设函数 $y = f(x)$ 定义域为 D，且有 $X \subset D$，

如果 $\forall x_1, x_2 \in X$，当 $x_1 < x_2$ 时，有 $f(x_1) < f(x_2)$，则称函数 $f(x)$ 在 X 上单调增加。

如果 $\forall x_1, x_2 \in X$，当 $x_1 > x_2$ 时，有 $f(x_1) > f(x_2)$，则称函数 $f(x)$ 在 X 上单调减少。

（3）奇偶性　设函数 $y = f(x)$ 的定义域 D 关于原点对称，

如果 $\forall x \in D$，有 $f(-x) = f(x)$，则称 $f(x)$ 为偶函数。

如果 $\forall x \in D$，有 $f(-x) = -f(x)$，则称 $f(x)$ 为奇函数。

（4）周期性　设函数 $y = f(x)$ 的定义域为 D，

如果 $\exists T \in \mathbf{R}^{+}$，使得 $\forall x \in D$，有 $\forall (x \pm T) \in D$，且有 $f(x + T) = f(x)$，则称 $f(x)$ 为周期函数，T 称为 $f(x)$ 的周期。一般情况下，周期函数的周期指的是最小正周期。

4. 基本初等函数

基本初等函数可分为六类：

（1）常量函数：$y = c$，其中 $c \in \mathbf{R}$ 为常数。

（2）幂函数：$y = x^{\mu}$，其中 $\mu \in \mathbf{R}$ 为常数。

(3)指数函数：$y = a^x$，其中 $a > 0$ 且 $a \neq 1$。

(4)对数函数：$y = \log_a x$，其中 $a > 0$ 且 $a \neq 1$。

(5)三角函数：

正弦函数 $y = \sin x$　　　　余弦函数 $y = \cos x$

正切函数 $y = \tan x$　　　　余切函数 $y = \cot x$

(6)反三角函数：

反正弦函数 $y = \arcsin x$　　反余弦函数 $y = \arccos x$

反正切函数 $y = \arctan x$　　反余切函数 $y = arccot x$

由这六大类基本初等函数经过有限次四则运算和有限次复合步骤所构成，且能用一个解析式表示的函数，称为初等函数。

(二)极限

1. 极限的定义

(1)数列的极限　设有数列 $\{u_n\}$，存在常数 A，

若对 $\forall \varepsilon > 0$，$\exists N \in \mathbf{Z}^+$，当 $n > N$ 时，恒有 $|u_n - A| < \varepsilon$，则称数列 $\{u_n\}$ 收敛于 A，或者称 A 是数列 $\{u_n\}$ 的极限，记为：$\lim\limits_{n \to \infty} u_n = A$。

(2)函数的极限。

①设函数 $f(x)$ 在 x_0 的某去心邻域内有定义，存在常数 A，

若对 $\forall \varepsilon > 0$，$\exists \delta > 0$，当 $0 < |x - x_0| < \delta$ 时，恒有 $|f(x) - A| < \varepsilon$，则称 A 是函数 $f(x)$ 当 $x \to x_0$ 时的极限，记为：$\lim\limits_{x \to x_0} f(x) = A$。

若对 $\forall \varepsilon > 0$，$\exists \delta > 0$，当 $0 < x - x_0 < \delta$ 时，恒有 $|f(x) - A| < \varepsilon$，则称 A 是函数 $f(x)$ 当 $x \to x_0^+$ 时的右极限，记为：$\lim\limits_{x \to x_0^+} f(x) = A$。

若对 $\forall \varepsilon > 0$，$\exists \delta > 0$，当 $0 < x_0 - x < \delta$ 时，恒有 $|f(x) - A| < \varepsilon$，则称 A 是函数 $f(x)$ 当 $x \to x_0^-$ 时的左极限，记为：$\lim\limits_{x \to x_0^-} f(x) = A$。

注：$\lim\limits_{x \to x_0} f(x) = A \Leftrightarrow \lim\limits_{x \to x_0^+} f(x) = \lim\limits_{x \to x_0^-} f(x) = A$

②设函数 $f(x)$ 在 $|x|$ 大于某一正数时有定义，存在常数 A，

若对 $\forall \varepsilon > 0$，$\exists X > 0$，当 $|x| > X$ 时，恒有 $|f(x) - A| < \varepsilon$，则称 A 是函数 $f(x)$ 当 $x \to \infty$ 时的极限，记为：$\lim\limits_{x \to \infty} f(x) = A$。

若对 $\forall \varepsilon > 0$，$\exists X > 0$，当 $x > X$ 时，恒有 $|f(x) - A| < \varepsilon$，则称 A 是函数 $f(x)$ 当 $x \to +\infty$ 时的极限，记为：$\lim\limits_{x \to +\infty} f(x) = A$。

若对 $\forall \varepsilon > 0$，$\exists X > 0$，当 $x < -X$ 时，恒有 $|f(x) - A| < \varepsilon$，则称 A 是函数 $f(x)$ 当 $x \to -\infty$ 时的极限，记为：$\lim\limits_{x \to -\infty} f(x) = A$。

注：$\lim\limits_{x \to \infty} f(x) = A \Leftrightarrow \lim\limits_{x \to +\infty} f(x) = \lim\limits_{x \to -\infty} f(x) = A$

2. 极限的四则运算

下面公式中的自变量 x 的趋向可取上面给出的七种趋向中的任意一种。

$(n \to \infty, x \to x_0, x \to x_0^+, x \to x_0^-, x \to \infty, x \to +\infty, x \to -\infty)$

若 $\lim f(x) = A$，$\lim g(x) = B$，则

(1) $\lim[f(x) \pm g(x)] = \lim f(x) \pm \lim g(x) = A + B$；

(2) $\lim[f(x)g(x)] = \lim f(x) \lim g(x) = AB$；

(3) $\lim \dfrac{f(x)}{g(x)} = \dfrac{\lim f(x)}{\lim g(x)} = \dfrac{A}{B}$ $\qquad (B \neq 0)$。

3. 极限的性质

(1) 极限的唯一性　若 $\lim f(x) = A$，则极限唯一。

(2) 极限的局部有界性（以 $x \to x_0$ 时为例）。

若 $\lim\limits_{x \to x_0} f(x) = A$，则 $\exists \delta > 0$，$\exists M > 0$，当 $0 < |x - x_0| < \delta$ 时，

有 $|f(x)| \leqslant M$，则称函数 $f(x)$ 当 $x \to x_0$ 时有界。

（3）极限的局部保号性（以 $x \to x_0$ 时为例）。

设函数有极限 $\lim\limits_{x \to x_0} f(x) = A$，

①若 $A > 0$（或 $A < 0$），则 $\exists \delta > 0$，当 $0 < |x - x_0| < \delta$ 时，有 $f(x) > 0$（或 $f(x) < 0$）；

②若 $\exists \delta > 0$，当 $0 < |x - x_0| < \delta$ 时，有 $f(x) \geqslant 0$（或 $f(x) \leqslant 0$），则 $A \geqslant 0$（或 $A \leqslant 0$）。

4. 极限的存在准则

（1）夹逼准则（以 $x \to x_0$ 时为例）。

若函数 $g(x)$、$f(x)$、$h(x)$ 在 x_0 的某去心邻域内有定义，且满足：

① $\forall x \in U(x_0, \delta)$，有 $g(x) \leqslant f(x) \leqslant h(x)$；

② $\lim\limits_{x \to x_0} g(x) = \lim\limits_{x \to x_0} h(x) = A$。

则有 $\lim\limits_{x \to x_0} f(x) = A$。

（2）单调有界准则　单调有界数列必有极限。

5. 两个重要极限

（1）$\lim\limits_{x \to 0} \dfrac{\sin x}{x} = 1$；

（2）$\lim\limits_{x \to \infty} \left(1 + \dfrac{1}{x}\right)^x = e$。

6. 无穷小量

（1）定义：若 $\lim f(x) = 0$，则称函数 $f(x)$ 是自变量在某种趋向下的无穷小量，简称无穷小。

（2）无穷小的比较。

设 $\lim \alpha = 0$，$\lim \beta = 0$，

若 $\lim\dfrac{\beta}{\alpha}=0$,则称 β 是 α 的高阶无穷小,记作 $\beta=°(\alpha)$;

若 $\lim\dfrac{\beta}{\alpha}=\infty$,则称 β 是 α 的低阶无穷小;

若 $\lim\dfrac{\beta}{\alpha}=A\neq0$,则称 β 是 α 的同阶无穷小;

若 $\lim\dfrac{\beta}{\alpha}=1$,则称 β 是 α 的等价无穷小,记作 $\alpha\sim\beta$;

若 $\lim\dfrac{\beta}{\alpha^{k}}=A\neq0,k>0$,则称 β 是 α 的 k 阶无穷小。

(3)无穷小的性质。

有限个无穷小的和是无穷小。

无穷小乘以有界函数是无穷小。

有限个无穷小的乘积是无穷小。

函数极限与无穷小的关系:$\lim f(x)=A\Leftrightarrow f(x)=A+\alpha$ 且 $\lim\alpha=0$。

无穷小等价代换定理:设 $\alpha\sim\alpha',\beta\sim\beta'$,若 $\lim\dfrac{\beta'}{\alpha'}$ 存在,则

$$\lim\dfrac{\beta}{\alpha}=\lim\dfrac{\beta'}{\alpha'}。$$

注:常用的等价无穷小:当 $x\to0$ 时,

$\sin x\sim x$ \qquad\qquad $\arcsin x\sim x$ \qquad\qquad $\tan x\sim x$

$\arctan x\sim x$ \qquad\qquad $e^{x}-1\sim x$ \qquad\qquad $a^{x}-1\sim x\ln a$

$\ln(1+x)\sim x$ \qquad\qquad $\log_{a}(1+x)\sim\dfrac{x}{\ln a}$ \qquad\qquad $(1+x)^{\mu}-1\sim\mu x$

$1-\cos x\sim\dfrac{x^{2}}{2}$ \qquad\qquad $\dfrac{x^{2}}{2}\tan x-\sin x\sim\dfrac{1}{2}x^{3}$

（三）连续

1. 连续的定义

设函数 $y=f(x)$ 在点 x_0 的某一邻域内有定义，若

$$\lim_{x \to x_0} f(x) = f(x_0),$$

则称函数 $y=f(x)$ 在点 x_0 连续。

连续的定义 2　设函数 $y=f(x)$ 在点 x_0 的某一邻域内有定义，若

$$\lim_{\Delta x \to 0} \Delta y = 0,$$

其中 $\Delta x = x - x_0$，$\Delta y = f(x) - f(x_0)$，则称函数 $y=f(x)$ 在点 x_0 连续。

注：$\lim\limits_{x \to x_0} f(x) = f(x_0) \Leftrightarrow \lim\limits_{x \to x_0^+} f(x) = \lim\limits_{x \to x_0^-} f(x) = f(x_0)$

2. 连续函数的运算

连续函数的四则运算　有限个连续函数的和、差、积、商（分母不为零）是连续函数。

反函数的连续性　严格单调连续的函数的反函数是严格单调连续函数。

复合函数的连续性　连续函数的复合函数是连续函数。

设函数 $u=g(x)$ 在 x_0 处连续，$u_0=g(x_0)$，函数 $y=f(u)$ 在 u_0 连续，则复合函数 $y=f[g(x)]$ 在 x_0 处连续。即

$$\lim_{x \to x_0} f[g(x)] = f[g(x_0)]。$$

初等函数的连续性　初等函数在定义区间内是连续的。

3. 函数的间断点

设函数 $y=f(x_0)$ 在 x_0 的某去心邻域内有定义，若满足下列

情况之一：

(1)函数 $f(x)$ 在 x_0 没有定义；

(2)函数 $f(x)$ 在 x_0 有定义，但 $\lim\limits_{x \to x_0} f(x)$ 不存在；

(3)函数 $f(x)$ 在 x_0 有定义，且 $\lim\limits_{x \to x_0} f(x)$ 存在，但 $\lim\limits_{x \to x_0} f(x) \neq f(x_0)$。

则称点 x_0 是函数 $f(x)$ 的间断点(也称为不连续点)。

间断点的分类：

(1)第一类间断点　左右极限都存在的间断点，又可分为：

可去间断点：$\lim\limits_{x \to x_0^+} f(x) = \lim\limits_{x \to x_0^-} f(x) \neq f(x_0)$。

跳跃间断点：$\lim\limits_{x \to x_0^+} f(x) \neq \lim\limits_{x \to x_0^-} f(x)$。

(2)第二类间断点　不是第一类间断点的间断点，常见的有：

无穷间断点：$\lim\limits_{x \to x_0^+} f(x)$ 与 $\lim\limits_{x \to x_0^-} f(x)$ 中至少有一个是无穷大。

振荡间断点：当 $x \to x_0$ 时，$f(x)$ 无限次振荡而没有极限。

4.闭区间上连续函数的性质

(1)最值定理　在闭区间上连续的函数必有最大值和最小值。

(2)有界定理　在闭区间上连续的函数必有界。

(3)介值定理　设函数 $f(x)$ 在 $[a,b]$ 上连续，最大值、最小值分别为 $M, m(m \neq M)$，对于 $\forall m < \mu < M$，则至少 $\exists \xi \in (a,b)$，使得 $f(\xi) = \mu$。

(4)零点定理　设函数 $f(x)$ 在 $[a,b]$ 上连续，且 $f(a)f(b) < 0$，则至少 $\exists \xi \in (a,b)$，使得 $f(\xi) = 0$。

案例 1　投资收益问题

假定有一个人想把手中的余钱拿去投资，假如投资收益的年利率为 100%，那么当他投资 1 万元，他将收益 2 万元。如果投资有复利计算，比如每个月都计利一次，那么他到年末将有 $(1+\frac{1}{12})^{12}$ 万元。如果按每年 n 次复利计算，则每年末他将有多少万元？当 n 无限增大时，他的收益会无限多吗？

解：如果按每年 n 次复利计算，则年末将有：$(1+\frac{1}{n})^n$ 万元。

又因为 $\lim\limits_{n \to \infty}(1+\frac{1}{n})^n = e < 3$，

所以，当 n 无限增大时，他的收益也不会超过 3 万元，因而他也不会收益无限多。

案例 2　Koch 雪花与分形几何

1904 年，瑞典数学家黑尔格·冯·科赫（Helge von Koch）构造了现在以他的名字命名的"Koch 雪花"，如图 1 所示。先画一个边长为 1 的等边三角形，再进行如下修改。第一步：将等边三角形的每条边三等分，并以中间的一段为边向外画等边三角形，再去掉被三等分的边的中间的一段，这样就形成了一个具有 3×4 条边的多边形。第二步：将新多边形的每条边三等分后重复以上的过程，这样就形成了一个具有 3×4^2 条边的多边形。重复以上步骤到第 n 步时得到一个 3×4^n 条边的多边形。当 n 越来越大时，新多边形的边缘越来越精细，看上去越来越像一朵美丽的雪花，故名"Koch 雪花"，又名"Koch 曲线"，如图 1 所示。请问随着 Koch 雪花边数的增加，其周长和面积如何变化？

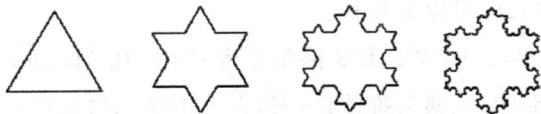

图 1　Koch 雪花

解：设第 $n(n=0,1,2,3,\cdots)$ 步所得的多边形的周长为 l_n，面积为 s_n，则有

$$l_0=3, \qquad\qquad s_0=\frac{\sqrt{3}}{4}$$

$$l_1=\frac{4}{3}\times l_0 \qquad\qquad s_1=s_0+3\times\frac{1}{9}\times s_0$$

$$l_2=\left(\frac{4}{3}\right)^2\times l_0 \qquad s_2=s_1+3\times4\times\left(\frac{1}{9}\right)^2\times s_0$$

……

$$l_n=\left(\frac{4}{3}\right)^n\times l_0 \qquad s_n=s_{n-1}+3\times4^{n-1}\times\left(\frac{1}{9}\right)^n\times s_0$$

其中：$s_n=s_{n-1}+\left(\dfrac{4}{9}\right)^{n-1}\times\dfrac{s_0}{3}$

$$=s_0+\frac{s_0}{3}+\left(\frac{4}{9}\right)\times\frac{s_0}{3}+\left(\frac{4}{9}\right)^2\times\frac{s_0}{3}+\cdots+\left(\frac{4}{9}\right)^{n-1}\times\frac{s_0}{3}$$

$$=s_0+\frac{s_0}{3}\left\{1+\frac{4}{9}+\left(\frac{4}{9}\right)^2+\cdots+\left(\frac{4}{9}\right)^{n-1}\right\}$$

$$=s_0+\frac{3}{5}\left(1-\left(\frac{4}{9}\right)^n\right)s_0$$

对周长和面积分别求极限得

$$\lim_{n\to\infty}l_n=\lim_{n\to\infty}\left(\frac{4}{3}\right)^n\times l_0=+\infty$$

$$\lim_{n\to\infty}s_n=\lim_{n\to\infty}\left\{s_0+\frac{3}{5}\left(1-\left(\frac{4}{9}\right)^n\right)s_0\right\}=\frac{8}{5}s_0$$

上面结果表明，随着 n 的增加，Koch 曲线的长度趋于无穷大，而其围成的几何图形的面积却趋于定值。即在有限的区域内，曲线的长度可以无限长。

1975 年，法国数学家曼德尔布罗特（B. B. Mandelbrot）出版了《分形：形状、机遇与维数》一书，在书中曼德尔布罗特解决了著名的"英国的海岸线有多长"的问题。曼德尔布罗特指出，海岸线

的长度取决于用于测量的尺子的长度。如果用公里作测量单位，从几米到几十米的一些弯曲就无法测量而会被忽略；而改用米来作测量单位，从几厘米到几十厘米的弯曲也会被忽略，但是海岸线的总长度会增加。海岸线的长度问题正如科赫雪花，如果拿单位长度的尺子去测量科赫雪花长度有限，但是如果用于测量的尺子的长度足够短，则科赫曲线的长度会足够长。《分形：形状、机遇与维数》一书的出版标志着一个新的数学分支"分形几何学"的诞生。

分形几何是真正描述大自然的几何学，基本思想是：客观事物具有局部与整体以某种形式相似的层次结构，称为自相似性。这种自相似的层次结构，适当地放大或缩小几何尺寸，整个结构不变。例如，从空中观察海岸线与人站在海边观察海岸线具有相似的曲线形状。分形几何学从诞生到现在，已成为当今世界十分活跃的新理论、新学科，在自然界、物理、化学、生物和地理等学科领域中得到了广泛的应用。

案例3　乘坐出租车总费用最少

当人们乘坐出租车的时候总是在思考一个问题，当距离较远时，选择乘坐一辆或者多辆出租车时费用上有何差别？如何换乘，所花费用最少？某地 2014 年出租车的计费标准如下：

（1）路程 3 km 以内（含 3 km）按起步价 9 元计费；

（2）超过 3 km，但不超过 10 km 的这段路程，按 1.9 元/ km计费；

（3）超过 10 km 后的路程需加收 50% 的返空费，即按 2.85 元/ km 计费；

（4）等待累计时间（如遇红灯、中途停车等）不满 5 分钟不收费,若满 5 分钟,按每 5 分钟 1 km 计费。

按上述标准计算出的费用取整数为现实中最终支付费用。现假设乘客换车很方便且不考虑等待时间,请制定一个费用最省的乘车方案

解:设当行驶 x 公里时,乘客乘车费用为 $f(x)$ 元,则有分段函数

$$f(x)=\begin{cases} 9 & x\leqslant 3 \\ 9+1.9\times(x-3) & 3<x\leqslant 10 \\ 9+1.9\times 7+2.85\times(x-10) & x>10 \end{cases}$$

(1)当乘车路程在 3 公里之内时,在起步价之内,只乘一辆车最省,总费用是 9 元。

(2)当乘车路程在 3 公里至 10 公里之内时,平均每公里路费随着路程的增加而逐渐降低,从 3 公里时的平均 3 元/公里到 10 公里时的平均 2.23 元/公里,故只乘一辆车最省。

(3)当乘车路程超过 10 公里时,若不换乘则按 2.85 元/ km 计费,若换乘,则需支付起步价 9 元。

设当行驶至 $y(10<y\leqslant 20)$ 公里时,不换乘与换乘两种方案的费用相等,则有

$$2.85\times(y-10)=9+1.9\times(y-13) \qquad (10<y\leqslant 20)$$

解之得 $y\approx 13.5$,即每辆车的乘坐时间如果超过了 13.5 公里,则选择换乘另一辆车费用最省。

故当乘车路程超过 10 公里且小于 13.5 公里时,只乘一辆车费用最省。

当乘车路程超过 13.5 公里且不超过 23.5 公里时,在行驶至 10 公里时换乘另一辆车费用最省。

(4)当乘车路程超过 23.5 公里且不超过 33.5 公里时,在行

驶至 10 公里、20 公里时分别换乘另一辆车费用最省。如果距离继续增加,换乘方案依此类推。

例如,如果乘客从甲地到乙地共 23 公里,两种方案分别花费多少?

方案一:不换乘

总花费:$9+1.9\times7+2.85\times(23-10)=59.35\approx59$(元)

方案二:10 公里处换乘

总花费:$2\times(9+1.9\times7)+3\times2.85=53.15\approx53$(元)

方案二比方案一总花费节省了 6 元。

二、一元函数微分学

◇ 基本知识回顾

（一）导数与微分

1. 导数的概念

（1）函数在某点的导数。

函数 $f(x)$ 在点 x_0 处的

导数 $\qquad f'(x_0) = \lim\limits_{x \to x_0} \dfrac{f(x) - f(x_0)}{x - x_0}$

右导数 $\quad f'_+(x_0) = \lim\limits_{x \to x_0^+} \dfrac{f(x) - f(x_0)}{x - x_0}$

左导数 $\quad f'_-(x_0) = \lim\limits_{x \to x_0^-} \dfrac{f(x) - f(x_0)}{x - x_0}$

结论： $\quad f'(x_0) = A \Leftrightarrow f'_+(x_0) = A = f'_-(x_0)$

（2）函数在区间上的导函数 $\quad f'(x) = \lim\limits_{\Delta X \to 0} \dfrac{f(x + \Delta x) - f(x)}{\Delta x}$。

（3）导数的基本思想及几何意义。

导数概念就是函数变化率这一概念的精确描述，它反映了因变量随自变量的变化而变化的快慢程度；从几何上看，$f'(x_0)$ 表示曲线 $y = f(x)$ 在点 $(x_0, f(x_0))$ 处的切线的斜率，因此有导数就有切线，但反之不然。

（4）连续与可导的关系 $\quad$ 可导 $\Rightarrow$ 连续，但反之不然。

2. 微分

(1)微分的概念。

若 $\Delta y = f(x_0 + \Delta x) - f(x_0) = A\Delta x + o(\Delta x)$,则称函数 $y = f(x)$ 在 x_0 处可微,称 $A\Delta x$ 为 $y = f(x)$ 在 x_0 处的微分,记作 $dy = A\Delta x$。

(2)可导与可微的关系。

可微 $\Leftrightarrow$ 可导,且 $dy = f'(x)\Delta x = f'(x)dx$。

3. 微分法

(1)基本求导公式。

$(C)' = 0$ $(x^\alpha)' = \alpha x^{\alpha-1}$ (α 为任意实数)

$(a^x)' = a^x \ln a$ $(\log_a x)' = \dfrac{1}{x \ln a}$ ($a > 0$)

$(\sin x)' = \cos x$ $(\cos x)' = -\sin x$

$(\arcsin x)' = \dfrac{1}{\sqrt{1-x^2}} = -(\arccos x)'$

$(\arctan x)' = \dfrac{1}{1+x^2} = -(\text{arccot}\,x)'$

(2)四则运算求导公式。

$(u \pm v)' = u' \pm v'$ $(u \cdot v)' = u'v + uv'$ $\left(\dfrac{u}{v}\right)' = \dfrac{u'v - uv'}{v^2}$

(3)复合函数求导公式。

$f(\varphi(x))' = f'(\varphi(x))\varphi'(x)$

注:一阶微分形式的不变性。

若 $y = f(u)$,皆可微,则复合函数 $y = f(\varphi(x))$ 可微且 $dy = f'(u)du$。

(4)反函数的导数。

$$y'_x = \dfrac{1}{x'_y}$$

（二）微分中值定理与导数的应用

1.中值定理

费马定理 若函数 $y = f(x)$ 在点 x_0 处可导且在点 x_0 处取得极值,则 $f'(x_0) = 0$。

罗尔定理 若函数 $y = f(x)$ 满足条件:①在闭区间 $[a,b]$ 上连续;②在开区间 (a,b) 内可导;③ $f(a) = f(b)$。则在 (a,b) 内至少存在一点 ξ,使得 $f'(\xi) = 0$。

拉格朗日中指定理 若函数 $y = f(x)$ 满足条件:①在闭区间 $[a,b]$ 上连续;②在开区间 (a,b) 内可导。则在 (a,b) 内至少存在一点 ξ,使得 $f'(\xi) = \dfrac{f(b) - f(a)}{b - a}$。

柯西中值定理 若函数 $f(x),g(x)$ 满足条件:①在闭区间 $[a,b]$ 上连续;②在开区间 (a,b) 内可导,且在 (a,b) 内有 $g'(x) \neq 0$,则在 (a,b) 内至少存在一点 ξ,使得 $\dfrac{f'(\xi)}{g'(\xi)} = \dfrac{f(b) - f(a)}{b - a}$。

2.未定式的极限

(1) $\dfrac{0}{0}$ 型和 $\dfrac{\infty}{\infty}$ 型极限的求解。

洛必达法则 在自变量的某种趋向下,若极限 $\lim \dfrac{f(x)}{g(x)}$ 为 $\dfrac{0}{0}$ 型或 $\dfrac{\infty}{\infty}$ 型,且极限 $\lim \dfrac{f'(x)}{g'(x)}$ 存在或为 ∞,则有 $\lim \dfrac{f(x)}{g(x)} = \lim \dfrac{f'(x)}{g'(x)}$。

(2)其他未定式极限的求解。

$0 \cdot \infty, \infty - \infty, 0^0, 1^\infty, \infty^0$ 型极限可以通过通分、有理化、取对数等方法化为 $\dfrac{0}{0}$ 型和 $\dfrac{\infty}{\infty}$ 型极限,用洛必达法则求解。

3. 泰勒公式

(1)泰勒公式　设函数 $f(x)$ 在点 x_0 具有直到 $n+1$ 阶的连续导数,则

$$f(x) = \sum_{k=0}^{n} \frac{f^{(k)}(x_0)}{k!}(x-x_0)^k + R_n,$$

$R_n = \dfrac{f^{(n+1)}(\xi)}{(n+1)!}(x-x_0)^{n+1}$($\xi$ 在 x_0 与 x 之间)称为拉格朗日型余项,

$R_n = o((x-x_0)^n)$ 称为皮亚诺型余项。

(2)马克劳林公式　当 $x_0 = 0$ 时,泰勒公式称为马克劳林公式

$$f(x) = \sum_{k=0}^{n} \frac{f^{(k)}(0)}{k!}x^k + R_n。$$

(3)一些基本初等函数的马克劳林公式。

$$e^x = \sum_{k=0}^{n} \frac{1}{k!}x^k + R_n$$

$$\sin x = \sum_{k=1}^{n} \frac{(-1)^{k-1}}{(2k-1)!}x^{2k-1} + R_{2n}$$

4. 函数的单调性与极值

(1)函数的单调性。

$f'(x) > 0 \Rightarrow f(x)$ 单调递增;$f'(x) < 0 \Rightarrow f(x)$ 单调递减。

(2)函数的极值。

结论 1　连续函数只能在它的驻点及不可微点处取得极值。

结论 2　设函数 $f(x)$ 在 x_0 处连续,在 x_0 的某个去心邻域内可微,当点 x 从 x_0 的左侧经过点 x_0 变到 x_0 的右侧时,若 $f'(x)$ 的符号由"＋"变到"－",则 x_0 为极大值点,若由"－"变到"＋",则 x_0 为极小值点

结论 3 设 $f'(x_0)=0$,且 $f''(x_0)$ 存在,则当 $f''(x_0)>0$ 时, x_0 为极小值点;当 $f''(x_0)<0$ 时,x_0 为极大值点。

(3)函数的最值 函数在闭区间上连续,求函数在区间上的最值的步骤如下:

求出区间内部的驻点以及不可导的点,并计算这些点处的函数值,与端点处的函数值进行比较,找出最大值和最小值。

5.曲线的凹凸性与拐点

结论 1 $f''(x)>0 \Rightarrow f(x)$ 是凹函数;$f''(x)<0 \Rightarrow f(x)$ 是凸函数。

结论 2 设 $f''(x_0)=0$,且在 x_0 的某个去心邻域内 $f(x)$ 二阶可导,若在点 x_0 的两侧 $f''(x)$ 异号,则点 $(x_0,f(x_0))$ 是曲线 $y=f(x)$ 的一个拐点;若在点 x_0 的两侧 $f''(x)$ 同号,则点 $(x_0, f(x_0))$ 不是曲线 $y=f(x)$ 的拐点。

6.曲线的渐近线

若曲线上的动点沿着曲线无限远离原点时,该动点与某一条定直线的距离无限趋于零,则称此直线为曲线的一条渐近线。

(1)竖直渐近线 若 $\lim\limits_{x \to x_0^+} f(x)=\infty$ 或 $\lim\limits_{x \to x_0^-} f(x)=\infty$,则直线 $x=x_0$ 就是曲线 $y=f(x)$ 的一条竖直渐近线。

(2)水平渐近线 若 $\lim\limits_{x \to +\infty} f(x)=b$ 或 $\lim\limits_{x \to -\infty} f(x)=b$,则直线 $y=b$ 就是曲线 $y=f(x)$ 的一条水平渐近线。

(3)斜渐近线 若 $\lim\limits_{x \to +\infty} \dfrac{f(x)}{x}=k$ 且 $\lim\limits_{x \to +\infty} (f(x)-kx)=b$ 或 $\lim\limits_{x \to -\infty} \dfrac{f(x)}{x}=k$ 且 $\lim\limits_{x \to -\infty} (f(x)-kx)=b$,则直线 $y=kx+b$ 就是曲线 $y=f(x)$ 的一条斜渐近线。

7. 函数的作图

作图步骤　确定函数的定义域,奇偶性,周期性,求出函数的一阶导函数的零点,二阶导函数的零点,一阶导函数不存在的点,二阶导函数不存在的点,并计算这些点处的函数值,在定义域被这些点分成的每个区间内讨论函数的单调性与极值,曲线的凹凸性与拐点,确定曲线的渐近线,并且适当补充一些点,描点连线作图。

8. 弧微分与曲率

(1)弧微分:$\mathrm{d}s = \sqrt{1+(y')^2}\,\mathrm{d}x$。

(2)曲率:$K = \left| \dfrac{y''}{(1+(y')^2)^{\frac{3}{2}}} \right|$。

案例1　采矿爆破体积最大

露天采矿、采石或取土经常采用炸药包进行爆破,经过长期实践发现爆破部分呈圆锥漏斗形状,圆锥母线长是炸药包的半径 R,它是固定的。问炸药包埋入多深时能使爆破体积最大?

解:设深度为 h

体积 $V = \dfrac{1}{3}\pi(R^2-h^2)h\ (0<h<R)$,

求导 $V' = \dfrac{1}{3}\pi(R^2-3h^2)$,

令 $V'=0$ 得 $h=\pm\dfrac{\sqrt{3}}{3}R$(舍去负值),

又 $V''=-2\pi h$,$V''(\dfrac{\sqrt{3}}{3}R) = -\dfrac{2\sqrt{3}}{3}\pi R<0$。

深度 $h=\dfrac{\sqrt{3}}{3}R$ 时,爆破体积最大。

案例 2　税收问题

某企业的总收益函数和总成本函数分别为 $R = 40q - 2q$, $C = q^2 + 4q + 3$。

企业要追求最大利润,政府要对产品征税,求:

(1)政府征税的最大收益及此时的税率 r;

(2)企业税前和税后的最大利润和此时的平均价格。

解:(1)企业在税率为 r 的情况下利润函数

$$L = R - C - qr \qquad q > 0,$$

利润 L 最大 $\dfrac{\mathrm{d}L}{\mathrm{d}q} = 0$,即 $40 - 4q - 2q - 4 - r = 0$,

$$\therefore q(r) = 6 - \frac{r}{6}。$$

根据实际问题,此时 q 就是纳税后企业获得最大利润的生产水平。所以,此时的征税收益函数:

$$T = rq(r) = 6r - \frac{r^2}{6},$$

T 要最大,$\dfrac{\mathrm{d}T}{\mathrm{d}r} = 0$,即 $6 - \dfrac{r}{3} = 0 \Rightarrow r = 18$。

当 $r = 18$ 时,税收 T 最大且最大值 $T(18) = 54$,

此时的生产水平 $q(18) = 3$。

(2)纳税前的总利润 $L = R - C = -3q^2 + 36q - 3$ 可求得生产水平 $q = 6$ 时可获得最大利润 $L = 105$,此时价格 $P = \dfrac{R}{q} = 28$。

将税后的产出 $q = 3$ 和 $r = 18$ 代入利润函数:

$$L = -3q^2 + (36 - r)q - 3,$$

得最大利润 $L = 24$,此时的价格 $P = \dfrac{R}{q} = 34$。

由此可见,在确保企业和征税收益最大化的前提下,因征税,产出水平由 6 下降到 3;价格由 28 上涨到 34;而最大利润由 105 下降到 24。

案例3　资产管理最大利润

某资产管理公司以 4% 的年利率获得贷款,而后又将此贷款贷出去,以获取收益。假设能贷出的金额与贷出的利率的平方成反比(利率过高无人借贷),问贷款的年利率为多少时,资产管理公司所获利润最大?

解:设贷出贷款的年利率为 r,则贷出贷款的金额为 $\dfrac{k}{r^2}$($k>0$,常数)。

资产管理公司所获利润 $L=(r-0.04)\cdot\dfrac{k}{r^2}=\dfrac{k}{r}-\dfrac{0.04k}{r^2}$,

由 $\dfrac{\mathrm{d}L}{\mathrm{d}r}=0$ 得 $-\dfrac{k}{r^2}+\dfrac{0.08k}{r^3}=0$,解得 $r=0.08$,

因 $\dfrac{\mathrm{d}L}{\mathrm{d}r}=\dfrac{k}{r^3}(0.08-r)$,

所以 $0<r<0.08,\dfrac{\mathrm{d}L}{\mathrm{d}r}>0$;$r>0.08,\dfrac{\mathrm{d}L}{\mathrm{d}r}<0$。

$r=0.08$ 是极大值,也是最大值点。

即年贷款利率为 $r=8\%$ 时获利最大。

案例4　房屋租赁公司收入最大化

一房屋租赁公司有 100 套公寓可出租,当租金定为每月 800 元时,公寓可全部租出去,若月租金每涨 20 元,就有一套公寓租不出去,而租出去的房子每月需花费 50 元的维护费。求月房租定价为多少时可获得最大收入？

解：设租金为 x 元/月，租出去的房屋有 $100-\dfrac{x-800}{20}$ 套，

总收入 $R=(x-50)\left(100-\dfrac{x-800}{20}\right)=(x-50)\left(80-\dfrac{x}{20}\right)$，

令 $R'(x)=\dfrac{285}{2}-\dfrac{x}{10}=0$，

得 $x=1425$ 元/月。

又 $\because R''(x)=-\dfrac{1}{10}<0$，$\therefore x=1425$ 是唯一的极大值点，即是

最大值点。

此时的最大收益为 $R(1425)=94531.25$ 元。

案例 5　商场如何定价使利润最大

设某商场以每双 100 元的价格购进一批皮鞋，假设此种商品的需求函数 $Q=400-2P$（其中 Q 为需求量，P 为销售价格，单位：元）。问定价为多少时，才能获得最大利润？并求最大利润。

解：设总利润、总收入、总成本分别为 L、R、C。

所以 $L=L(P)=R(P)-C(P)$，

而 $R=PQ=P(400-2P)=400P-2P$，

$C=100Q=40000-200P$，

利润 $L=R-C=-2P^2+600P-40000$，

令 $L'=-4P+600=0$，得 $P=150$，又 $L''=-4<0$，

故 $P=150$ 元时，利润 L 最大。

最大利润为 $L(150)=5000$ 元。

即：将每双皮鞋定价为 150 元销售时，可获得最大利润 5000 元。

案例6 资源的可持续利用

鱼群是一种可再生资源,为保护鱼类资源不至于枯竭,每年只能适当地进行捕捞。经实验和统计,已知鱼群的再生产曲线为 $y=rx(1-\dfrac{x}{N})$,(其中 x 为当年鱼群的总重量,y 为第二年鱼群的总重量,r 为鱼群的自然增长率且 $r>1$,N 是自然环境下所能负荷的最大鱼群数量)。设某水库最多可养鱼 10 万公斤,若鱼量超过 10 万公斤,由于缺少氧气和食物,鱼群会大范围死亡。根据经验鱼群年自然增长率为 4,求每年合理的捕捞量。

解:设每年的捕捞量为 $h(x)$,则第二年的鱼群总量为:

$y=f(x)-h(x)$,

为了保证鱼群总量为某一水平值 x,即 $x=f(x)-h(x)$,

所以 $h(x)=f(x)-x=rx(1-\dfrac{x}{N})-x$,

即 $h(x)=(r-1)x-\dfrac{r}{N}x^2$,

又 $\because r=4$,$N=10$ 万公斤,

$\therefore h(x)=3x-0.4x^2$,

令 $h'(x)=3-0.8x=0$,得 $x=3.75$,

又 $h''(x)=-0.8<0$,得 $x=3.75$ 时,$h(x)$ 为极大值,也为最大值,且 $h(3.75)=5.625$。

即:前一年的鱼群数量为 3.75 万公斤时,本年的捕捞量为 5.625 万公斤较为合理。

案例 7 钟摆的快慢问题

在很多城市都有一种老式的机械钟,由于钟摆是由金属制造的,容易由于温度的改变而热胀冷缩,使得钟摆的摆长产生细微的变化。例如钟摆的振动周期为 $T=2\pi\sqrt{\dfrac{l}{g}}$,其中 $g=980\ \text{cm/s}^2$, l 为摆长,正常温度下,设摆长为 l_0 ,钟摆的周期大约为 1 秒。在夏季,由于阳光的照射,钟摆的摆长大约增加 0.005 厘米,那么这钟每天的时间是变快还是变慢了呢?

解:根据物理学知识,钟摆的周期变长,则钟会变慢;周期变短,则钟会变快。

又 $\because T=2\pi\sqrt{\dfrac{l}{g}}$, $l=\dfrac{g}{4\pi^2}T$, 当 $T=1$ 秒时, $l_0=\dfrac{g}{4\pi^2}$ 。

$\Delta l=0.005$,根据微分知识有,周期的改变 $\Delta T\approx \mathrm{d}T=(2\pi\sqrt{\dfrac{l}{g}})'_l\cdot\Delta l$,

$\therefore\Delta T\approx\dfrac{\pi}{\sqrt{g^2/4\pi^2}}\cdot\Delta l=\dfrac{2\pi^2}{g}\Delta l$ 。 因为 $\Delta l>0$,所以 $\Delta T>0$,即周期变长了,故这钟的时间会变慢。

并且周期变长了约 $\dfrac{2\pi^2}{980}\times0.005=0.0001$ (秒)。

那么,该钟每天变慢的时间约为: $0.0001\times60\times60\times24=8.64$ (秒)。

案例 8 通道的最佳尺寸问题

某人扛着一根长为 L 的长杆要从一通道中行进。他从 Ⅰ 号通道进口出发,再从 Ⅱ 号通道的出口离开。现如何确定一个 Ⅱ 号通道的最佳宽度尺寸使其顺利通过,而不去对Ⅰ号通道做任何改变。

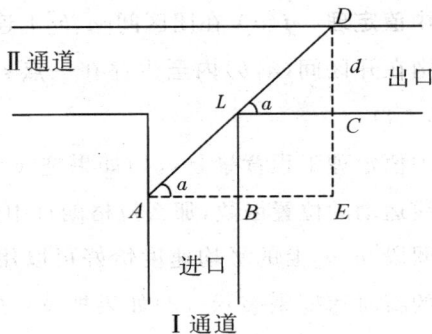

解:设Ⅱ号通道的宽度为 d,Ⅰ号通道的宽度为固定值 d_0,并且记 $\angle DAB = \angle DOC = a$,记 O 为杆的支撑点。

由图知:$d = OD \cdot \sin a$,$OD = AD - OA = L - \dfrac{AB}{\cos a}$,$AB = d_0$,

$\therefore d = (L - \dfrac{d_0}{\cos a}) \sin a = L \sin a - d_0 \tan a$,

因此问题转化为求 a 使 d 的值达到最小。

求导:$d_a' = L \cos a - d_0 \sec^2 a = 0$,得到 $\cos a = \sqrt[3]{\dfrac{d_0}{L}}$,

$a_0 = \arccos \sqrt[3]{\dfrac{d_0}{L}}$ 为 d 的驻点,又因为这是一个实际问题,因而当

$a = a_0 = \arccos \sqrt[3]{\dfrac{d_0}{L}}$ 时,d 取得最小值。

比如Ⅰ号通道的宽度是 16 米,杆长为 16 米时,$a_0 = \dfrac{\pi}{3}$,此时

$d = 16 \sin \dfrac{\pi}{3} - \tan \dfrac{\pi}{3} \approx 10.392$(米),

即Ⅱ号通道的宽度至少要 10.392 米才能让杆顺利通过。

案例 9　微分中值定理的工程背景

拉格朗日中值定理　$f(x)$ 在闭区间 $[a,b]$ 上连续，在开区间 (a,b) 内可导，则在开区间 (a,b) 内至少存在一点 ε，使得 $f(b)-f(a)=f'(\varepsilon)(b-a)$。

拉格朗日中值定理工程背景是：(1)如果把 $y=f(x)$ 看成是质点做变速直线运动的位置函数，那么拉格朗日中值定理所揭示的是质点在时间段 $[a,b]$ 上的平均速度恰好可以用时间段 $[a,b]$ 内部某一时刻的瞬时速度来表示；(2)如果把 $y=f(x)$ 看成是电流通过某一导线横截面的电量，x 表示时间，那么拉格朗日中值定理表示在 $b-a$ 这段时间内通过导线的平均电量（电流强度）恰好可以用时间段 $[a,b]$ 内某一时刻的瞬时电流强度来表示；(3)如果把 $y=f(x)$ 看成是变力沿直线所做的功，x 表示位移，那么拉格朗日中值定理表示在位移长度为 $b-a$ 时的平均功率恰好可以用 (a,b) 内某一点的瞬时功率来表示。

柯西中值定理　$f(x)$、$g(x)$ 在闭区间 $[a,b]$ 上连续，$f(x)$、$g(x)$ 在开区间 (a,b) 内可导，在开区间 (a,b) 内 $f'(x)$ 与 $g'(x)$ 至少有一个不为 0（不妨设 $g'(x)\neq0$），则在开区间 (a,b) 内至少存在一点 ε，使得

$$\frac{f(b)-f(a)}{g(b)-g(a)}=\frac{f'(\varepsilon)}{g'(\varepsilon)}$$

拉格朗日中值定理工程背景是：如果把 $y=f(t)$ 和 $y=g(t)$ 都看成是质点做变速直线运动的位置函数，那么柯西中值定理所揭示的是质点在时间段 $[a,b]$ 上的平均速度之比恰好可以用时间段 $[a,b]$ 内某一时刻 ε 的瞬时速度之比来表示。

案例 10 碳 14 的衰减速度

现有 $1g$ 放射性元素碳 14,已知其第 t 年的剩余量为 $M(t) = e^{-0.000121t}$,求碳 14 的衰减速度并得出其衰变规律。

解:碳 14 的衰减速度 $V(t) = \dfrac{dM(t)}{dt}$

$$= (e^{-0.000121t})'$$
$$= -0.000121e^{-0.000121t}$$
$$= -0.000121M(t)$$

即碳 14 的衰减速度为 $-0.000121e^{-0.000121t}$ 克/年,碳 14 的衰变速度与当时未衰变的碳 14 含量 $M(t)$ 成正比。

案例 11 最合适的加班时间

为了确定每天工作时间增加对劳动价值增加的影响。每天工作 x 小时,产生劳动产品的价值经过测算为 y 元。其关系是 $y = 300 + 30x - x^2$。求劳动价值对工作时间的边际收益。假设正常上班 8 小时,求出 8 小时以外最合适的加班时间长度。

解：　　$y = 300 + 30x - x^2, x \in [0, 24]$,
　　　　　$y' = 30 - 2x, y'' = -2$。

所以 y' 是单调递减函数,即工作时间每增加 1 小时,生产的劳动价值的增加量越来越少。边际收益呈现递减规律。

当 $x \in [0, 15], y' > 0$,说明每增加 1 小时工作时间,劳动价值的确能增加,但是增加的幅度逐渐减小。当 $x \in [15, 24], y' < 0$,工作时间超过 15 小时以后,每增加 1 小时工作时间,劳动价值增加量是负数,劳动价值在减少,通常是由于效率低下,生产的产品质量不达标,浪费了原材料,使总的价值减少。

所以工人应该有适当的工作时间,加班虽然会产生更多经济效益,但是不要无限加班,加班时间太长,效率反而低下,有损总的经济效益。

多数企业每日工作 8 小时,按照本题函数的结论,8 小时后还可以加班 7 小时,一共工作 15 小时,就不能再加班了。如果超过 15 小时,即使工人迫于无奈加班,效益反而减少。

注:本题还可以延伸为,x 是经济成本投入量,y 是经济产出量。通常 x 投入越多,y 产出越多,但是 y' 可能是递减的,x 每增加一个单位量,y 相应增加的量约为 y'。假如 $y' < 0$,就不能再增加投入了,此时有 y 的增加量已经是负数,代表减产。

案例 12 最合适的商品定价

富翁手里持有 100 套公寓要出租,当租金为每月 700 元时,公寓会全部租出去。当租金每月增加 100 元时,就有一套公寓租不出去,而租出去的房子每月需花 100 元整修维护费,试问房租定位多少,可获得最大收入?

解:设房租为 x 元,其中 $x = 700, 800, 900, \cdots$ 是 100 的整数倍。

则租出去的公寓套数为 $100 - \dfrac{x - 700}{100}$。

每月总收入为

$$R(x) = (x - 100)(100 - \frac{x - 700}{100}) = (x - 100)(107 - \frac{x}{100})$$

用乘法求导公式得

$$R'(x) = (107 - \frac{x}{100}) + (x - 100)(-\frac{1}{100}) = -\frac{2x}{100} + 108$$

解得唯一驻点 $x = 5400$。

故每月每套租金 5400 元,能获得最大收入,最大收入为 280900 元。

$R(x)$ 是一元二次函数,开口向下,其对称轴顶点 x 坐标就是 $x=5400$。若令 $x=5300$ 或 5500,收入是 280800 元。可见炒房者手里房子很多的时候,可以把租金或房价炒到奇高。

注:引申 1,若设富翁手里的公寓不是 100 套,而是 a 套。

则房租为 x 元时,租出去的公寓套数为 $a-\dfrac{x-700}{100}$。

每月总收入为

$$R(x)=(x-100)(a-\frac{x-700}{100})=(x-100)(a+7-\frac{x}{100})。$$

$$R'(x)=(a+7-\frac{x}{100})+(x-100)(-\frac{1}{100})=-\frac{2x}{100}+a+8,$$

解得唯一驻点 $x=50(a+8)$。

富翁的房子套数 a 越多,越敢提高房租 x。所以炒房者手里房子越多,或者炒房的人越多,房价涨得越高,远远超出老百姓承受能力,祸国殃民。

引申 2:100 套都租出去,若提高房租 100 元,损失一套房租 700 元,但是可以多获得租出去的那 99 套多交的房租 9900 元,所以富翁敢恣意涨价。请读者举一反三,若房租每增加 100 元,就有 20 套房子租不出去,客人退房,试算富翁还敢不敢轻易提高房租。如果大家都不去买房与租房,手里有大量房子的炒房者将会怎样?

案例 13　最佳停产时间

油井投资 10 百万元建成。在时刻 t 的成本与收益分别是 $C(t),R(t)$,追加成本与增加收益分别是 $C'(t),R'(t)$。$C'(t)=$

$2+t^{\frac{2}{3}}, R'(t)=10-t^{\frac{2}{3}}.$

单位:百万元/年。该油井开始利润很大,后来会逐渐减小,试确定该油井何时停产能获得最大利润,最大利润是多少?

解: 利润

$$L(t)=R(t)-C(t),$$

极值的必要条件是

$$L'(t)=R'(t)-C'(t)=0, 即 R'(t)=C'(t),$$

$2+t^{\frac{2}{3}}=10-t^{\frac{2}{3}},$ 得 $t=8$。

极大值点充分条件是

$$L''(t)=R''(t)-C''(t)<0,$$

检验后的确

$$L''(8)=R''(8)-C''(8)=-\frac{4}{3}t^{-\frac{1}{3}}|_{t=8}<0,$$

故最佳停产时间是8年,8年后继续生产会亏本。成本大于收益,利润为负。到第8年为止总的利润是

$$L=\int_0^8 L'(t)\mathrm{d}t-10$$

$$=\int_0^8 [R'(t)-C'(t)]\mathrm{d}t-10$$

$$=\int_0^8 [8-2t^{\frac{2}{3}}]\mathrm{d}t-10=15.6,$$

总利润15.6百万元。

案例 14 列车如何驶过弯道

列车在从直道进入到弯道时,为什么常会产生摇晃震动?怎样去减少这种摇晃?

解: 列车在拐弯时将受到向心力的作用,如果向心力的变化不连续,则将产生摇晃。由力学知识可知,轨道上一点处的向心

力大小为 $\dfrac{mv^2}{R}$，其中 m 是物体的质量，v 是运动速度，R 是轨道在该点处的曲率半径。如果让列车由直道直接进入圆弧形轨道，如图：

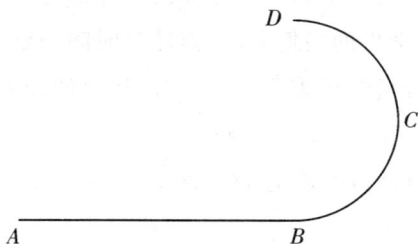

尽管轨道是光滑连接的，但是由于直线的曲率半径为无穷大，因而在轨道的连接点 B 处，向心力的大小将发生跳跃，这就会导致摇晃震动。为了减小摇晃，必须让轨道的曲率半径 R 连续变化。容易求得立方抛物线 $y=ax^3(a>0)$ 在任一点处的曲率半径

$$R=\frac{(1+9a^2x^4)^{\frac{3}{2}}}{6x\,|x|}$$

当 $x\neq 0$ 时，R 随连 x 续变化，且当 $x\to 0$ 时，$R\to +\infty$。因此，如果我们在修筑铁路时，先在直道末端接上一段立方抛物线 BC，如图：

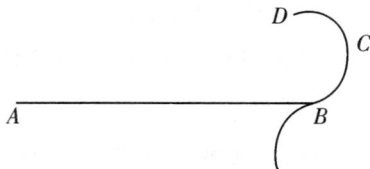

再在立方抛物线上选取适当的点 C 处与圆弧形轨道 CD 相接，使此立方抛物线在 C 处的曲率半径近似于圆弧 CD 的半径，这样在从直轨 AB 转入弯轨 BCD 时，曲率半径 R 将接近连续变化，从而减小列车的摇晃震动。

案例 15　接受能力与讲授时间的关系

通过研究一组学生的学习行为,心理学家发现接受一个概念的能力依赖于在概念引入之前老师提出和描述问题所用的时间。刚开始的时候,学生的兴趣激增,但随着时间的延长,学生的注意力开始分散。分析结果表明,学生掌握概念的能力由下式给出

$$F(x) = -0.1x^2 + 2.6x + 43,$$

其中,$F(x)$ 是接受能力的一种度量,x 是提出概念所用的时间(单位:分钟)。

(1)x 为何值时,学生学习能力增强或降低?

(2)第 10 分钟时,学生的兴趣是增长还是注意力下降?

(3)最难的概念应该在何时讲授?

(4)一个概念需要 55 的接受能力,它适于对这组学生讲授么?

解:(1)令 $F'(x) = -0.2x + 2.6 = 0$,则 $x = 13$。当 $x < 13$ 时,$F'(x) > 0$,$F(x)$ 单调上升;当 $x > 13$ 时,$F'(x) < 0$,$F(x)$ 单调下降。所以当提出概念所用的时间小于 13 分钟时,接受能力增强;当提出概念所用的时间大于 13 分钟时,接受能力降低。

(2)$x = 10 < 13$,$F(x)$ 单调上升,学生的兴趣在增长。

(3)$F(x)$ 在 $x = 13$ 时取得极大值,所以最难的概念应该在提出问题后的第 13 分钟时讲授。

(4)因为 $F(13) = 59.9$,这个概念需要 55 的接受能力,小于最大接受能力,所以可以对这组学生讲授该概念。

案例 16　海报版面设计

要求设计一张单栏的竖向张贴的海报,它的印刷面积为 128 平方分米,上下空白各 2 分米,两边空白各 1 分米,如何确定海报尺寸可使四周空白面积为最小?

解:设印刷面积由从上到下长 x 分米和从左到右宽 y 分米构成,则 $xy=128$,于是四周空白面积为

$$s=2x+4y+4\times2=2x+\frac{4\times128}{x}+8,0<x<+\infty,$$

两边同时对 x 求导,得 $s'=2-\frac{512}{x^2}$,

令 $s'=0$ 得 $x=16$,此时 $y=8$,又 $s''=\frac{1024}{x^3}>0,0<x<+\infty$。

所以当海报印刷部分为从上到下长 16 分米,从左到右宽 8 分米时,可使四周空白面积为最小。

案例 17　拉船靠岸

如图

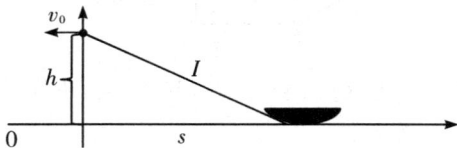

在离水平高度为 h(m)的岸上,有人用绳子拉船靠岸,假定绳长为 1(m),船位于离岸壁 s(m)处,试问:当收绳速度为 V_0(m/s)时,船的速度,加速度各为多少?

解:I,s,h 三者构成直角三角形,有 $I^2=h^2+s^2$,两边同时对 t 求导,

得 $I\dfrac{\mathrm{d}I}{\mathrm{d}t}=s\dfrac{\mathrm{d}s}{\mathrm{d}t}$ ，按速度定义，收绳速度 $v_0=\dfrac{\mathrm{d}I}{\mathrm{d}t}$ ，船速 $v=\dfrac{\mathrm{d}s}{\mathrm{d}t}$ ，

代入后得 $v=\dfrac{I}{s}v_0=\dfrac{\sqrt{h^2+s^2}}{s}v_0$ ，

从而加速度 $a=v'(t)=-\dfrac{h^2v_0^2}{s^3}$ 。

案例 18　蜂房的奇妙结构

蜜蜂营造的蜂房具有非常奇妙的结构,它的每一个蜂巢是一个正六棱柱,入口是一个正六边形,柱底是由三个大小相等的菱形围成的一个三面角,如图所示,长期以来,人们对于蜂房的精巧结构有着非常大的兴趣。设正六边形的边长为 $a,CC'=H,\angle A'B'C'=2\theta$,下面先建立蜂巢的表面积 S 与 θ 的函数关系。

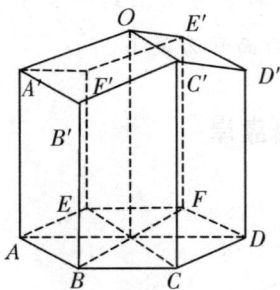

设菱形 $A'B'C'O$ 的面积为 S_1 ,梯形 $AA'B'B$ 的面积为 S_2 ,则蜂巢的表面积为 $S=3S_1+6S_2$,

由于 $A'C'=\sqrt{3}a$,根据余弦定理, $B'C'=\dfrac{\sqrt{3}}{2}a\cos\theta$,从而不难求得 $S_1=\dfrac{3}{2}a^2\cos\theta,S_2=ah-\dfrac{a^2}{4}\sqrt{3\cot^2\theta-1}$,

故 $S=6ah+\dfrac{9}{2}a^2\cot\theta-\dfrac{3}{2}a^2\sqrt{3\cot^2\theta-1}$, $\theta\in\left(0,\dfrac{\pi}{3}\right)$,

下面求 S 的最小值。

令 $x = \cot\theta$，

则 $S = 6ah + \dfrac{9}{2}a^2 x - \dfrac{3}{2}a^2 \sqrt{3x^2 - 1}$，$x \in \left(\dfrac{1}{\sqrt{3}}, +\infty \right)$，

令 $\dfrac{\mathrm{d}s}{\mathrm{d}x} = \dfrac{9}{2}a^2 - \dfrac{9}{2}a^2 \dfrac{x}{\sqrt{3x^2 - 1}}$

$\qquad = \dfrac{9}{2}a^2 \dfrac{2x^2 - 1}{\sqrt{3x^2 - 1}\sqrt{3x^2 - 1 + x}} = 0$，

得唯一驻点 $x = \dfrac{1}{\sqrt{2}}$，进一步可得当 $x = \dfrac{1}{\sqrt{2}}$ 时，S 最小，此时 $\theta = $

$\mathrm{arc\,cot}\dfrac{1}{\sqrt{2}} \approx 55°$，

由此可知，当 $\theta \approx 55°$ 时，蜂巢的表面积最小。实际测量的结果表明，蜂巢的 θ 角与上述计算所得的 $\theta \approx 55°$ 非常接近，误差不超过 $2°$。

结论：在蜂巢容积一定的条件下，当 $\theta \approx 55°$ 时，蜂巢的表面积最小，即蜜蜂营造蜂巢所用的材料（蜂蜡）最省，这个结果与人们对蜂巢的实际观测是一致的，它告诉我们，蜜蜂将蜂房造成如此巧妙的结构，是为了节省材料，也使我们不得不感叹，小小蜜蜂真是一个"能工巧匠"！

三、一元函数积分学

◇ 基本知识回顾

(一)定积分

1. 概念

函数 $f(x)$ 在区间 $[a,b]$ 上有界,若对区间 $[a,b]$ 的任意分法 $a=x_0<x_1<x_2<\cdots<x_n=b$ 以及介点 $\xi_i\in[x_{i-1},x_i]$ 的任意取法,和式极限 $\lim\limits_{\lambda\to 0}\sum\limits_{i=1}^{n}f(\xi_i)\Delta x_i$(其中 $\Delta x_i=x_i-x_{i-1},\lambda=\max\limits_{1\leqslant i\leqslant n}(\Delta x_i)$)均存在且相等,则称此极限为函数 $f(x)$ 在区间 $[a,b]$ 上的定积分,记作 $\displaystyle\int_a^b f(x)\mathrm{d}x$,也称函数 $f(x)$ 在区间 $[a,b]$ 上可积,否则称 $f(x)$ 在区间 $[a,b]$ 上不可积

2. 几何意义

$\displaystyle\int_a^b f(x)\mathrm{d}x$ 表示曲线 $y=f(x)$ 介于 $x=a,x=b,y=0$ 之间的各部分曲边梯形面积的代数和。

3. 可积条件

闭区间上的连续函数一定可积;闭区间上只有有限个第一类

间断点的函数一定可积;若函数在 $f(x)$ 区间上可积,则函数 $|f(x)|$ 也在区间上可积。

4.定积分的性质

线性性质　$\int_a^b [lf(x)+kg(x)]\mathrm{d}x = l\int_a^b f(x)\mathrm{d}x + k\int_a^b g(x)\mathrm{d}x$。

路径性质　$\int_a^b f(x)\mathrm{d}x = \int_a^c f(x)\mathrm{d}x + \int_c^b f(x)\mathrm{d}x$。

比较性质　在区间 $[a,b]$ 上,若 $f(x)\geqslant g(x)$,则 $\int_a^b f(x)\mathrm{d}x \geqslant \int_a^b g(x)\mathrm{d}x$。

估值定理　在区间 $[a,b]$ 上,若 $m\leqslant f(x)\leqslant M$,则 $m(b-a)\leqslant \int_a^b f(x)\mathrm{d}x \leqslant M(b-a)$。

中值定理　若 $f(x)$ 在区间 $[a,b]$ 上连续,则至少存在一点 $\xi\in(a,b)$,使得

$$\int_a^b f(x)\mathrm{d}x = f(\xi)\cdot(b-a)。$$

5.变上限函数

设函数 $f(x)$ 在区间 $[a,b]$ 上连续,则有 $\left(\int_a^x f(t)\mathrm{d}t\right)' = f(x)$,$x\in[a,b]$。

6.微积分学基本定理

(1)原函数　若 $F'(x)=f(x)$,则称函数 $F(x)$ 是函数 $f(x)$ 的一个原函数。

（2）原函数存在定理　连续函数必有原函数。

（3）牛顿－莱布尼兹公式　设 $f(x)$ 在区间 $[a,b]$ 上连续，$F(x)$ 是 $f(x)$ 的一个原函数，则有 $\int_a^b f(x)\mathrm{d}x = F(b) - F(a)$。

注：牛顿－莱布尼兹公式也称微积分基本公式，它在积分学中占有相当重要的地位，真正地把微分和积分联系起来，把积分的计算转化为求原函数的计算。

（二）不定积分

1. 概念

$$\int f(x)\mathrm{d}x = F(x) + C，其中 F'(x) = f(x)。$$

2. 性质

$$\left(\int f(x)\mathrm{d}x\right)' = f(x) \qquad \int F'(x)\mathrm{d}x = F(x) + C$$

$$\int [lf(x) + kg(x)]\mathrm{d}x = l\int f(x)\mathrm{d}x + k\int g(x)\mathrm{d}x$$

3. 基本积分公式

$$\int x^a \mathrm{d}x = \frac{x^{a+1}}{a+1} + C(a \neq -1) \qquad \int \frac{1}{x}\mathrm{d}x = \ln|x| + C$$

$$\int a^x \mathrm{d}x = \frac{1}{\ln a}a^x + C \quad (a > 0) \qquad \int \mathrm{e}^x \mathrm{d}x = \mathrm{e}^x + C$$

$$\int \sin x \mathrm{d}x = -\cos x + C \qquad \int \cos x \mathrm{d}x = \sin x + C$$

$$\int \frac{1}{\sqrt{1-x^2}}\mathrm{d}x = \arcsin x + C \qquad \int \frac{1}{1+x^2}\mathrm{d}x = \arctan x + C$$

（三）积分法

1. 第一换元法（凑微分法）

设 $\int f(u)\mathrm{d}u = F(u) + C$，且 $u = \varphi(x)$ 可微，则

$$\int f(\varphi(x))\varphi'(x)\mathrm{d}x = \int f(\varphi(x))\mathrm{d}\varphi(x) = F(\varphi(x)) + C。$$

2. 第二换元法

（1）设 $x = \varphi(t)$ 严格单调可微，且 $\varphi'(t) \neq 0$，若 $\int f(\varphi(t)\varphi'(t)$ $\mathrm{d}t = \Phi(t) + C$，则 $\int f(x)\mathrm{d}x = \Phi(\varphi^{-1}(x)) + C。$

（2）若函数 $f(x)$ 在 $[a,b]$ 上连续，设 $x = \varphi(t)$ 在 $[\alpha,\beta]$ 或 $[\beta,\alpha]$ 上单调且具有连续的导数，满足：①$\varphi(\alpha) = a$，$\varphi(\beta) = b$；②当 t 在 $[\alpha,\beta]$ 或 $[\beta,\alpha]$ 上变化时，总有 $a \leqslant \varphi(t) \leqslant b$。则 $\int_a^b f(x)\mathrm{d}x = \int_\alpha^\beta f(\varphi(t))\varphi'(t)\mathrm{d}t。$

3. 分部积分法

$$\int u(x)v'(x)\mathrm{d}x = u(x)v(x) - \int u'(x)v(x)\mathrm{d}x。$$

4. 有理函数积分法

基本思想方法：

（1）将有理假分式化为整式与真分式之和的形式。

（2）将真分式分解为最简分式之和（用待定系数法或赋值法分解）。

（3）求出整式及各最简分式的积分。

5.三角有理函数积分法

基本思想方法:用万能代换 $u = \tan \dfrac{x}{2}$ 或其他的变量代换化为有理函数的积分

6.某些简单的无理函数积分法

基本思想方法:去掉根号化为有理函数的积分

(四)广义积分

1.无限区间上广义积分

$$\int_{a}^{+\infty} f(x)\mathrm{d}x = \lim_{b \to +\infty} \int_{a}^{b} f(x)\mathrm{d}x \qquad \int_{-\infty}^{b} f(x)\mathrm{d}x = \lim_{a \to -\infty} \int_{a}^{b} f(x)\mathrm{d}x$$

$$\int_{-\infty}^{+\infty} f(x)\mathrm{d}x = \int_{-\infty}^{c} f(x)\mathrm{d}x + \int_{c}^{+\infty} f(x)\mathrm{d}x$$

2.无界函数的广义积分(瑕积分)

在区间 $[a,b]$ 上,

若只有 a 是瑕点,则 $\displaystyle\int_{a}^{b} f(x)\mathrm{d}x = \lim_{c \to a^+} \int_{c}^{b} f(x)\mathrm{d}x$;

若只有 b 是瑕点,则 $\displaystyle\int_{a}^{b} f(x)\mathrm{d}x = \lim_{c \to b^-} \int_{a}^{c} f(x)\mathrm{d}x$;

若只有 c 是瑕点,且 $a < c < b$,则 $\displaystyle\int_{a}^{b} f(x)\mathrm{d}x = \int_{a}^{c} f(x)\mathrm{d}x +$

$\displaystyle\int_{c}^{b} f(x)\mathrm{d}x$

（五）定积分的应用

1. 微元分析法

第一步：将区间上的总量 Q 表示成部分量之和 $Q = \sum \Delta Q$；

第二步：寻找部分量 ΔQ 的近似值 dQ，满足 $\Delta Q = dQ + o(dx)$，也称 $dQ = q(x)dx$ 为微元；

第三步：计算 $\int_a^b dQ = \int_a^b q(x)dx$，得出总量的值 $Q = \int_a^b q(x)dx$。

2. 几何应用

（1）平面图形的面积。

由曲线 $y = f_1(x)$，$y = f_2(x)$ $(f_1(x) \leqslant f_2(x))$，$x = a$，$x = b(a < b)$ 所围成的平面图形的面积

$$A = \int_a^b (f_2(x) - f_1(x))dx。$$

（2）平行截面面积为已知的立体的体积。

区间 $[a, b]$ 上平行截面面积为 $A(x)$ 的立体体积 $V = \int_a^b A(x)dx。$

（3）曲线的弧长。

光滑曲线 $y = f(x)$ 在 $[a, b]$ 上的弧长 $l = \int_a^b \sqrt{1 + (f'(x))^2} \, dx。$

3. 连续函数的平均值

连续函数 $f(x)$ 在区间 $[a, b]$ 上的平均值为 $\dfrac{1}{b-a} \int_a^b f(x)dx。$

4.物理应用

用微元分析法可求解变力沿着直线做的功、液体的静压力等物理量。

案例1 福岛核泄漏事件

相关链接:2011 年 3 月日本大地震中,福岛第一核电站 1 号反应堆所在建筑物爆炸后,日本政府 13 日承认,在大地震中受损的福岛第一核电站 2 号机组可能正在发生"事故",2 号机组的高温核燃料正在发生"泄漏事故"。该核电站的 3 号机组反应堆面临遭遇外部氢气爆炸风险。

受到福岛第一核电站核事故影响,福岛县持续避难的居民人数最多。有些居民在大地震发生 2 年后死亡。福岛县统计显示,截至 2014 年 2 月 26 日,该县因地震灾害相关的死亡人数达到 1664 人,已超过地震和海啸直接造成的遇难人数。

2011 年"3·11"日本大地震导致了福岛核辐射事件,引起全世界的强烈关注,相关单位对该事件进行调查,监测结果显示,出事当天,放射性物质碘导致大气辐射水平是可接受的最大限度的 4 倍。于是日本政府下令让福岛当地居民立即撤离这一地区。已知该放射源的辐射水平衰减程度满足下式:

$$M(t) = M_0 e^{-0.004t}$$

其中 $M(t)$ 是 t 时刻的辐射水平(单位: $\dfrac{\text{mR}}{\text{h}}$)(mR 为毫化琴),$M_0$ 是初始辐射水平($t=0$),t 按小时计算。问:

(1)该地核辐射水平要下降到可接受的程度大约需要多长时间?

(2)假设可接受的辐射水平的最大限度为 $0.6 \dfrac{\text{mR}}{\text{h}}$,那么从出事到降低到该最大限度时已经泄漏到大气中的放射物总量是多少？

解：(1)设该地核辐射水平要下降到可接受的程度大约需要 T 小时，此时辐射水平降低到 $\frac{1}{4}M_0$，于是有

$$M(T) = M_0 e^{-0.004T} = \frac{1}{4}M_0，于是求得\ T = 250\ln 4 \approx 346.6(\text{h})。$$

(3)若可接受的辐射水平的最大限度为 $0.6\ \dfrac{\text{mR}}{\text{h}}$，则 $M_0 = 2.4$。

放射源从 $t=0$ 到 $250\ln 4$ 这段时间泄漏出去的放射物总量为

$$W = \int_0^{250\ln 4} 2.4 e^{-0.004t}\,\mathrm{d}t = -600 \int_0^{250\ln 4} e^{-0.004t}\,\mathrm{d}(-0.004t)$$

$$= -600(e^{-0.004t})\Big|_0^{250\ln 4} = 450(\text{mR})。$$

案例 2 新井的产量

我国某地区新开发了一口天然气新井，工程师们预测在开采后的第 t 年，该井天然气产量为 $Q(t) = 0.06te^{-t} \times 10^6\ (\text{m}^3)$。试估计该新井在前 5 年的总产量。

解：在 $[t, t+\Delta t]$ 时间段内，天然气产量的微元为 $\mathrm{d}Q = Q(t)\mathrm{d}t$。该新井前 5 年的总产量为

$$Q = \int_0^5 \mathrm{d}Q = \int_0^5 Q(t)\mathrm{d}t = \int_0^5 0.06te^{-t}\mathrm{d}t$$

$$= 0.06\left[(-te^{-t})\Big|_0^5 - \int_0^5 e^{-t}\mathrm{d}(-t)\right]$$

$$= 0.06\left[-5e^{-5} - e^{-t}\Big|_0^5\right]$$

$$\approx 4.488 \times 10^6\ (\text{m}^3)。$$

案例3 螺栓计数问题

有一罐形容器,装有密度为 ρ 的液体,现在罐体下部侧面开一个半径为 R 的圆孔,圆孔的中心距液面距离为 h,孔口用挡板加螺栓固定,已知每个螺栓都承受的力为 G,问需要多少个螺栓才能使容器安全?

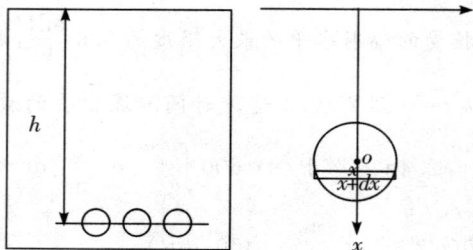

解:先计算挡板所受的侧压力,建立如图所示直角坐标系。

由微元分析法:$\mathrm{d}F = \rho g(h+x)\mathrm{d}s = \rho g(h+x)2\sqrt{R^2-x^2}\,\mathrm{d}x$,

$$\therefore F = \int_{-R}^{R} \mathrm{d}F = 2\rho g \int_{-R}^{R}(h+x)\sqrt{R^2-x^2}\cdot\mathrm{d}x$$
$$= \pi\rho g h R^2,$$

例如:$\rho = 1000 \text{ kg/m}^3$,$R = 50 \text{ cm}$,$g = 9.8 \text{ m/s}^2$,$h = 70 \text{ cm}$,

$G = 49000(\text{N})$,

$F = \pi\rho g h R^2 \approx 3.14 \times 1000 \times 9.8 \times 70 \times (0.5)^2 \approx 539(\text{kN})$,

则所需螺栓个数为 $539 \div 49 = 11$(颗)。

案例4 传染病的传播速度

某城市正在遭受某种传染病的威胁,据研究传染病流行期间,第 t 天人们被传染后患病的人数为 $s = 60t - t^2$,求该传染病在第 t 天的传播速度?何时患病人数最多?最后共有多少人患病?

解：该传染病在第 t 天的传播速度

$$v = \frac{ds}{dt} = 60 - 2t \ (t \geqslant 0),$$

令 $\dfrac{ds}{dt} = 0$，得驻点 $t = 30$。

$$\frac{d^2 s}{dt^2} = -2 < 0,$$

得 $t = 30$ 为极大值点，极大值点唯一，所以也为最大值点，

最大值 $\qquad s(30) = (60t - t^2)\Big|_{t=30} = 900,$

令 $s = 0$，得 $t = 60$，即当传染病开始传染 60 天后患病人数为 0。

60 天内患病总人数 $Q = \displaystyle\int_0^{60} (60t - t^2)dt$

$$= \left(30t^2 - \frac{t^3}{3}\right)\Big|_0^{60}$$

$$= 36000。$$

案例 5　石油消耗量

近年来世界范围内每年的石油消耗率呈指数增长，增长指数大约为 0.07。据统计，2002 年我国石油消耗量大约为 2.39 亿吨。设 $X(t)$ 表示从 2002 年起第 t 年的石油消耗量。已知 $X(t) = 2.39e^{0.07t}$（亿吨），计算从 2002 年到 2012 年间石油消耗的总量。

解：设 $R(t)$ 表示从 2002 年（$t = 0$）起到第 t 年石油消耗的总量。$R'(t)$ 就是石油消耗率，即 $R'(t) = X(t)$。于是由变化率求总改变量，得

$$T(10) - T(0) = \int_0^{10} R'(t)\,\mathrm{d}t = \int_0^{10} X(t)\,\mathrm{d}t = \int_0^{10} 2.39\mathrm{e}^{0.07t}\,\mathrm{d}t$$

$$= \frac{2.39}{0.07} \int_0^{10} \mathrm{e}^{0.07t}\,\mathrm{d}(0.07t) = \frac{2.39}{0.07}\mathrm{e}^{0.07t}\Big|_0^{10} \approx 4.79(亿吨)。$$

案例 6 铬能用多少年

1970 年,世界范围内的铬的开采量大约是 185 万吨,而已探明的铬的世界储量大约是 77500 万吨。按每年开采量不变的标准,已知储量大约可供使用 420 年。然而铬的世界消费率每年呈指数增长,在 1970 年初,增长指数大约为 0.026。

问:1)如果铬的利用率按指数增长,已探明的铬储量大约能维持多少年?

2)如果铬的储量增加继续探明,使总储量变为原来的五倍,又能维持多少年?

解:1)设从 1970 年起,第 t 年铬的消费量为

$$f(t) = 185\mathrm{e}^{0.026t}(万吨),$$

则从第一年到第 T_1 年的消耗总量为

$$F(T_1) = \int_0^{T_1} 185\mathrm{e}^{0.026t}\,\mathrm{d}t \approx 7115(\mathrm{e}^{0.026T_1} - 1) \approx 77500$$

当 $T_1 = 95$ 时,$F(95) \approx 77500$。

即 1970 年探明的铬储量预计能维持到 2064 年。

2)当总储量变为原来的 5 倍时,即总储量为 387500 万吨时,

$$F(T_2) = \int_0^{T_2} 185\mathrm{e}^{0.026t}\,\mathrm{d}t \approx 7115(\mathrm{e}^{0.026T_2} - 1) \approx 387500,$$

当 $T_2 = 154$ 时,$F(154) \approx 387500$。

即全世界的铬储量预计能维持到 2124 年。

案例7　工厂废气排放量

某工厂装备陈旧,排放大量废气给环境带来严重污染。在环保部门的监督下,强制改造废气处理装备,如果第 t 年废气的排放量为 $Q(t) = \dfrac{10\ln(t+1)}{(t+1)^2}$(万立方米),求该厂在 5 年内的年平均排放量?

解: 该工厂在改造装置后 5 年内的年平均排放量为

$$\bar{Q} = \frac{1}{5} \int_0^5 \frac{10\ln(t+1)}{(t+1)^2} \mathrm{d}t$$

$$= -2 \int_0^5 \ln(t+1) \mathrm{d} \frac{1}{t+1}$$

$$= -2\ln(t+1) \frac{1}{t+1} \Big|_0^5 + 2 \int_0^5 \frac{1}{t+1} \mathrm{d}\ln(t+1)$$

$$= -\frac{\ln6}{3} + 2 \int_0^5 \frac{1}{(t+1)^2} \mathrm{d}t$$

$$= -\frac{\ln6}{3} - \frac{2}{t+1} \Big|_0^5$$

$$= -\frac{\ln6}{3} - \frac{1}{3} + 2$$

$$\approx 1.07$$

即该工厂在改造装置后 5 年内的年平均排放量为 1.07 万立方米。

案例8　购机器还是租机器

对于一个正常运转的企业,在经营过程中资金的收入与支出总是频繁、间断地发生。但在进行经济分析的过程中,一般将其看作连续发生的,称其为收入流或者支出流。

若企业在 $[0, T]$ 时间区间内,在时刻 t 收入流的变化率为

$f(t)$（元/年或者月/年等），银行年利率为 r。为了计算某笔款项的现值或者终值，可用以下步骤进行分析处理：

（1）分割：可把区间 $[0,T]$ 平均分割成 n 个长度为 Δt_k 的子区间。

（2）近似：在 Δt 时间段内，收入的近似值为 $f(\tau_k)\Delta t$，相应的收入的现值为 $f(\tau_k)\Delta t e^{-rt}$，其中 τ_k 属于第 k 个子区间内的任意一点。

（3）求和：$\sum_{k=1}^{n} f(\tau_k)e^{-rt}\Delta t$。

（4）取极限：总收入的现值 $V = \lim_{n\to\infty}\sum_{k=1}^{n} f(\tau_k)e^{-r\tau_k}\Delta t$

$= \int_0^T f(t)e^{-rt}dt$

同理，可得总收入的终值 $V = \int_0^T f(t)e^{(T-t)r}dt$。

总支出的现值与总收入的现值计算方式相同，总支出的终值与总收入的终值计算方式相同。

某工厂为了扩大生产量，需要增加一套机器设备，其使用寿命为 10 年。如果购置此套设备需支付 60 万元。（银行的年利率为 5%）

（1）如果租用此设备每年需要支付租金 96000 元，请问购买设备与租用设备那种方式更好？

（2）如果企业购买了设备，并以 15 万元/年的速度收回成本，试计算该投资收入的现值和投资成本回收期。

解：（1）由题意可知，$f(t)=9.6$，

可得 10 年的租金支出的现值 $V = \int_0^T f(t)e^{-rt}dt$

$= \int_0^{10} 9.6e^{-0.05t}dt$

$$= -20 \times 9.6 \mathrm{e}^{-005t} \Big|_0^{10}$$

$$= 192 \times (1 - \mathrm{e}^{-0.5})$$

$$\approx 76,$$

而购置此设备只需现值一次性支付 60 万元,故购买设备更好。

(2)由题意可知,$f(t) = 15$,

可得 10 年的投资收入的现值 $V = \displaystyle\int_0^T f(t)\mathrm{e}^{-rt}\,\mathrm{d}t$

$$= \int_0^{10} 15\mathrm{e}^{-0.05t}\,\mathrm{d}t$$

$$\approx 118,$$

设投资成本回收期为 τ 年,则有 $\displaystyle\int_0^\tau 15\mathrm{e}^{-0.05t}\,\mathrm{d}t = 60$,

即

$$300(1 - \mathrm{e}^{-0.05\tau}) = 60,$$

$$\tau = -20\ln 0.8 \approx 4.5,$$

故该投资成本的回收期约为 4.5 年。

案例 9　挖掘问题

一井深为 20 m 水井,长期使用后产生了大量的淤泥需要清除。现考虑用缆绳将抓斗放入井底抓起淤泥提出井口,缆绳每米重 40 N,抓斗自重 300 N,每次抓斗抓起的淤泥重 2000 N,上升速度为 2 m/s,而在抓斗上升的过程中,淤泥以 10 N/s 的速度从抓斗的缝隙中泄漏。如果把抓起的淤泥拉升到井口,那么拉力需做多少焦耳的功?(抓斗的高度和井口上方的缆绳长度忽略不计)

解:设 W_1 是克服缆绳自重做的功,

W_2 是克服抓斗重力做的功,

W_3 是克服淤泥的重力做的功,

则抓斗抓起淤泥升至井口所做的功 $W = W_1 + W_2 + W_3$,

由已知将抓斗由 x 处提升到 $x + \mathrm{d}x$ 处时,缆绳克服重力所做的功元素 $\mathrm{d}W_1 = 40(20 - x)\mathrm{d}x$,

$$W_1 = \int_0^{20} 40(20 - x)\mathrm{d}x = 8000(\mathrm{J}),$$

$$W_2 = 300 \times 20 = 6000(\mathrm{J}),$$

在时间 $[t, t + \mathrm{d}t]$ 内提升淤泥所做的功为:

$$\mathrm{d}W_3 = 2(2000 - 10t)\mathrm{d}t,$$

淤泥从井底到井口所需时间为 $\dfrac{20}{2} = 10(\mathrm{s})$,

$$\therefore W_3 = \int_0^{10} 2(2000 - 10t)\mathrm{d}t = 39000(\mathrm{J}),$$

$$W = W_1 + W_2 + W_3 = 53000(\mathrm{J})。$$

案例 10 做功问题

将半径为 R 的球沉入水中,假设球的比重与水相同,球的上部与水面相切。若将球从水中取出,需做多少功?

解:建立坐标系以水面作 x 轴,球的水面的顶为原点,铅直向下为 y 轴的正向(圆的方程为 $x^2 + (y - R)^2 = R^2$)。

取 y 为积分变量 $y \in [0, 2R]$,对应于区间 $[y, y + \mathrm{d}y]$ 的球的薄片体积 $\mathrm{d}V = \pi(\sqrt{2Ry - y^2})^2 \mathrm{d}y = \pi(2Ry - y^2)\mathrm{d}y$,

由于该部分在水面下重力与浮力的合力为零(密度相同),

水面牵引力的大小 $\mathrm{d}F = \pi g(2Ry - y^2)\mathrm{d}y$,

$$\mathrm{d}W = \pi g(2Ry - y^2)y\mathrm{d}y,$$

将球从水中完全取出所需做的功为

$$W = \int_0^{2R} \pi g(2Ry - y^2)y\mathrm{d}y = \frac{4}{3}\pi R^4 g。$$

案例 11 稀土矿的总收入

一个专门出产稀土的资源枯竭型城市,每个月产 60 吨稀土,5 年后稀土资源将开采殆尽。从现在开始 t 个月后,稀土价格趋势是每吨

$$P(t) = 24000 + 0.5\sqrt{t}(元)$$

稀土资源很紧俏,一产出就会立即售出,问这个稀土矿城市直到稀土开采完毕,总共可得到多少收入(元)?

解:令 $R(t)$ 表示从现在开始到 t 个月时的收入,则每月的收入是 $\dfrac{\mathrm{d}R(t)}{\mathrm{d}t}$,每月收入等于当月每吨稀土价格 $P(t)$ 乘以当月售出稀土吨数。因此

$$\frac{\mathrm{d}R(t)}{\mathrm{d}t} = (24000 + 0.5\sqrt{t})60,$$

此题实际上已知 $R(t)$ 的变化率,求 $R(t)$ 本身,用定积分即可。

$$R(t) = \int_0^t (24000 + 0.5\sqrt{t})60\mathrm{d}t = 60\left(24000t + \frac{1}{3}t^{\frac{3}{2}}\right) = 1440000t + 20t^{\frac{3}{2}},$$

由于该城市稀土资源将在第 60 个月枯竭,于是从现在开始到第 60 个月的总收入是

$$R(60) = 1440000 \times 60 + 20 \times 60^{\frac{3}{2}} = 86409295.2(元)。$$

注:本题可用微分方程,不定积分,带入初始条件得函数。

案例 12 求货物总保管费

一个生鲜食品公司的货物要存在冷库里,每天给冷库支付租金或保管费。费用与货物的库存量有关。公司在每个月第一天

会收到 900 吨水果,存入冷库。每天以一定的比例发货给零售商。已知到货后的 x 天,$x \in [0,30]$,公司的库存量是 $f(x) = 900 - 30\sqrt{30x}$(吨)。一吨水果的保管费是 50 元,求该公司这个月要支付总的保管费,以及平均每天要支付的保管费。

解:首先算出这一个月三十天的总的库存量。

$$\int_0^{30} (900 - 30\sqrt{30x})\mathrm{d}x = 9000(吨),$$

每天平均库存量是 $\dfrac{9000}{30} = 300(吨)$,

总的保管费 $9000 \times 50 = 450000$ 元,每天平均保管费是 $300 \times 50 = 15000$ 元。

案例 13 心脏压出血液量

心脏收缩压出血液,流向全身,压出血液的速率:$V(t)$(单位升/秒)可用下面函数描述:$V(t) = \begin{cases} A\sin\left(\dfrac{2\pi}{T}t\right) & t \in \left(0, \dfrac{T}{2}\right) \\ 0 & t \in \left(\dfrac{T}{2}, T\right) \end{cases}$,其中时间 t(单位秒)从一次压出血液开始时计算,A 是最大的压出血液速率,周期 T 为一次心跳所需的时间(秒),分段函数的意义是一个周期 T 内,前半段时间压出血液,后半段时间没压出血液。

在时间段 $[t_1, t_2]$ 上,其中 $[t_1, t_2] \subset \left[kT, kT + \dfrac{T}{2}\right]$,$k \in \mathbf{Z}$,所压出血液量就是 $\int_{t_1}^{t_2} V(t)\mathrm{d}t$。试求每次心跳压出的血液量,以及每小时压出的血液量。

解:当 $t \in \left(0, \dfrac{T}{2}\right)$,$V(t) > 0$,表示压出血液,所以压出血液

量为

$$V(t) = \int_0^{\frac{T}{2}} A\sin\left(\frac{2\pi}{T}t\right)dt = \frac{AT}{\pi}(\text{升}),$$

一小时内心跳次数 $\frac{3600}{T}$,

一小时内心脏压出血液量是 $\frac{AT}{\pi} \times \frac{3600}{T} = \frac{3600A}{\pi}(\text{升})$。

案例 14　船的最大载重

船的最大载重:此题船型容器里放置液体 A,容器浮在液体 B 里,问容器里的液体 A 的最大深度是多少?(或最大体积,或最大质量)。

一个密度为 $\frac{25}{19} \times 10^3 (\text{kg/m}^3)$ 的容器,内壁面是 $y = \frac{x^2}{10} + 1$ 绕 y 轴旋转所得,外壁面是 $y = \frac{x^2}{10}$ 绕 y 轴旋转所得,容器外高 10 m。把它铅直的悬浮在水中,水密度是 $1 \times 10^3 (\text{kg/m}^3)$,容器内注入密度为 $3 \times 10^3 (\text{kg/m}^3)$ 的溶液,要保持容器不沉没,可注入容器的溶液最大深度是多少。

(1)容器体积是 $V_1 = \int_0^{10} \pi(10y)dy - \int_1^{10} \pi(10y - 10)dy = 95\pi(\text{m}^3)$,

容器质量是 $M_1 = 95\pi \times \frac{25}{19} \times 10^3 (\text{kg/m}^3) = 125\pi \times 10^3 (\text{kg/m}^3)$。

(2)容器内盛放的溶液最大深度 h,

溶液体积为 $V_2 = \int_1^{h+1} \pi(10y - 10)dy = 5\pi h^2 (\text{m}^3)$,

溶液质量为 $M_2 = 5\pi h^2 \times 3 \times 10^3 = 15\pi h^2 \times 10^3 (\text{kg})$。

（3）容器最大排水体积是 $V_3 = \int_0^{10} \pi(10y)dy = 500\pi(\mathrm{m}^3)$，

容器最大排水量 $M_3 = 500\pi \times 10^3(\mathrm{kg})$。

（4）容器溶液不沉入水底，必须满足 $M_1 + M_2 = M_3$，

$125\pi \times 10^3 + 15\pi h^2 \times 10^3 = 500\pi \times 10^3$，解出 $h = 5\ \mathrm{m}$。

容器内溶液最大深度是 5 m，再多溶液就使容器沉入水底。

四、多元函数微分学

◇ 基本知识回顾

一、多元函数、极限与连续

（一）多元函数（主要讨论二元函数）

定义1　设 D 为平面区域，对于任意的 $(x,y) \in D$，在某一法则之下都有唯一的 z 与之对应，则称 z 是 x,y 的二元函数。记为 $z = f(x,y)$，其中 D 为函数的定义域。类似可定义多元函数。

（二）多元函数的极限

定义2　设函数 $z = f(x,y)$ 在点 $P_0(x_0, y_0)$ 的某一空心邻域内有定义，$P(x,y)$ 为邻域内的任意一点。当 $P(x,y)$ 沿任意方式趋近于 $P_0(x_0, y_0)$ 时，函数 $f(x,y)$ 的值都趋近于某一确定的常数 A。则称 A 为函数 $z = f(x,y)$ 在点 $P_0(x_0, y_0)$ 的极限值。

记为　$\lim\limits_{\substack{x \to x_0 \\ y \to y_0}} f(x,y) = A$

（三）多元函数的连续性

定义3　若函数 $z = f(x,y)$ 满足条件：
(1)在点 $P_0(x_0, y_0)$ 的某一邻域内有定义；

(2) $\lim\limits_{\substack{x \to x_0 \\ y \to y_0}} f(x,y)$ 存在；

(3) $\lim\limits_{\substack{x \to x_0 \\ y \to y_0}} f(x,y) = f(x_0,y_0)$。

则称 $z = f(x,y)$ 在点 $P_0(x_0,y_0)$ 连续。

二、多元函数微分法

(一)偏导数

定义 1 设 $z = f(x,y)$ 在点 $P_0(x_0,y_0)$ 的某一邻域 D 内有定义,点 $P(x_0 + \Delta x, y_0)$ 为 D 内的点。若

$$\lim\limits_{\Delta x \to 0} \frac{f(x_0 + \Delta x, y_0) - f(x_0,y_0)}{\Delta x}$$ 存在且为 A,则称 A 为 $z =$

$f(x,y)$ 在点 $P_0(x_0,y_0)$ 处对 x 的偏导数。记为 $\left. \dfrac{\partial z}{\partial x} \right|_{\substack{y = y_0 \\ x = x_0}}$、$\dfrac{\partial f}{\partial x}$

$\left. \right|_{\substack{y = y_0 \\ x = x_0}}$ 或 $f'_x(x_0,y_0)$。

类似可定义 $z = f(x,y)$ 对 y 的偏导数。

偏导数的几何意义:$f'_x(x_0,y_0)$ 表示曲线 $\begin{cases} z = f(x,y_0) \\ y = y_0 \end{cases}$ 在点

$P_0(x_0,y_0)$ 处的切线对 x 轴的斜率。

(二)全微分

定义 2 设 $z = f(x,y)$ 在点 $P_0(x_0,y_0)$ 的某一邻域 D 内有定义,点 $P(x_0 + \Delta x, y + y_0)$ 为 D 内的任意点,

若 $\Delta z = f(x_0 + \Delta x, y_0 + \Delta y) - f(x_0,y_0)$

$\qquad = A\Delta x + B\Delta y + o(\rho)$

(其中 A,B 与 $\Delta x,\Delta y$ 无关,$\rho = \sqrt{(\Delta x)^2 + (\Delta y)^2}$)

则称 $z = f(x, y)$ 在点 $P_0(x_0, y_0)$ 处可微,并称 $A\Delta x + B\Delta y$ 为 $z = f(x, y)$ 在点 $P_0(x_0, y_0)$ 处的全微分。记为 $\mathrm{d}z \Big|_{\substack{y=y_0 \\ x=x_0}}$ 或 $\mathrm{d}z \Big|_{P_0}$。

全微分的性质:

性质 1(可微的必要条件)若 $z = f(x, y)$ 在点 $P(x, y)$ 处可微,则 $z = f(x, y)$ 在点 $P(x, y)$ 处的偏导数 $\dfrac{\partial z}{\partial x}\Big|_P$、$\dfrac{\partial z}{\partial y}\Big|_P$ 均存在,且

$$\mathrm{d}z \Big|_P = \frac{\partial z}{\partial x}\Big|_P \mathrm{d}x + \frac{\partial z}{\partial y}\Big|_P \mathrm{d}y$$

性质 2(可微的充分条件)若 $z = f(x, y)$ 在点 $P(x, y)$ 处存在连续的偏导数 $\dfrac{\partial z}{\partial x}\Big|_P$、$\dfrac{\partial z}{\partial y}\Big|_P$,则 $z = f(x, y)$ 在点 $P(x, y)$ 处可微,且

$$\mathrm{d}z \Big|_P = \frac{\partial z}{\partial x}\Big|_P \mathrm{d}x + \frac{\partial z}{\partial y}\Big|_P \mathrm{d}y$$

(三)方向导数和梯度

1.方向导数的定义

定义 3 设 $z = f(x, y)$ 在点 $P(x, y)$ 的某一邻域内有定义,从点 P 作有向线段 PM 且与 x 轴正向的夹角为 α,称之为方向 l。设点 $P_1(x + \Delta x, y + \Delta y)$ 为 PM 上的点,且点 P_1 在点 P 的邻域内。若极限

$$\lim_{\rho \to 0} \frac{f(x + \Delta x, y + \Delta y) - f(x, y)}{\rho} = A \quad (\text{其中 } \rho = \sqrt{(\Delta x)^2 + (\Delta y)^2})$$

则称 A 为函数 $z = f(x, y)$ 沿 l 方向的方向导数。记为

$$\frac{\partial z}{\partial l} = \lim_{\rho \to 0} \frac{f(x + \Delta x, y + \Delta y) - f(x, y)}{\rho}$$

类似可定义三元函数的方向导数。

2. 方向导数的性质

定理 1(方向导数存在的充分条件)若函数 $z = f(x,y)$ 在点 $P(x,y)$ 是可微的,则在该点沿任意方向 l 的方向导数均存在,且

$$\frac{\partial f}{\partial l}\bigg|_P = \frac{\partial f}{\partial x}\bigg|_P \cos\alpha + \frac{\partial f}{\partial y}\bigg|_P \cos\beta$$

3. 梯度

定义 4 设 $u = f(x,y,z)$ 在点 $P(x,y,z)$ 的某邻域内的偏导数存在,则称向量 $\left(\dfrac{\partial u}{\partial x}, \dfrac{\partial u}{\partial y}, \dfrac{\partial u}{\partial z}\right)$ 为函数 $f(x,y,z)$ 在点 $P(x,y,z)$ 处的梯度。记为 $\mathrm{grad}\, u$.

梯度的方向是函数 $f(x,y,z)$ 在点 $P(x,y,z)$ 变化率最大的方向。

(四)复合函数求导法

定理 2 设函数 $u = \varphi(x,y)$, $v = \psi(x,y)$ 在点 (x,y) 处有连续的偏导数,函数 $z = f(u,v)$ 在对应点 (u,v) 处有连续的偏导数。则复合函数 $z = f[\varphi(x,y), \psi(x,y)]$ 在点 (x,y) 处有对 x 与 y 的连续偏导数,且有链式法则:

$$\frac{\partial z}{\partial x} = \frac{\partial z}{\partial u}\frac{\partial u}{\partial x} + \frac{\partial z}{\partial v}\frac{\partial v}{\partial x}$$

$$\frac{\partial z}{\partial y} = \frac{\partial z}{\partial u}\frac{\partial u}{\partial y} + \frac{\partial z}{\partial v}\frac{\partial v}{\partial y}$$

(五)隐函数求导法

设 $z = f(x,y)$ 是由方程 $F(x,y,z) = 0$ 确定的隐函数,$F(x,y,z)$ 在点 $P(x,y,z)$ 的某一邻域内有连续的偏导数 $F'_x = F'_x(x,$

$y, z), F'_y = F'_y(x, y, z), F'_z = F'_z(x, y, z),$ 且 $F'_z(x, y, z) \neq 0$，
则有

$$\frac{\partial z}{\partial x} = \frac{F'_x}{F'_z}, \frac{\partial z}{\partial y} = \frac{F'_y}{F'_z}$$

（六）高阶偏导

定义 5 如果 $z = f(x, y)$ 在区域 D 内的偏导数 $\frac{\partial z}{\partial x}, \frac{\partial z}{\partial y}$ 仍然

存在偏导数，则称之为函数的二阶偏导数，记为

$$\frac{\partial}{\partial x}\left(\frac{\partial z}{\partial x}\right) = \frac{\partial^2 z}{\partial x^2} \text{或} f''_{xx}(x, y), \frac{\partial}{\partial y}\left(\frac{\partial z}{\partial x}\right) = \frac{\partial^2 z}{\partial y \partial x} \text{或} f''_{yx}(x, y)$$

$$\frac{\partial}{\partial x}\left(\frac{\partial z}{\partial y}\right) = \frac{\partial^2 z}{\partial x \partial y} \text{或} f''_{xy}(x, y), \frac{\partial}{\partial y}\left(\frac{\partial z}{\partial y}\right) = \frac{\partial^2 z}{\partial y^2} \text{或} f''_{yy}(x, y)$$

$f''_{xy}(x, y), f''_{yx}(x, y)$ 称为混合偏导数。

三、多元函数微分法的应用

（一）几何应用

1. 空间曲线的切线和法平面

（1）曲线为参数方程。

$\Gamma: x = \varphi(t), y = \psi(t), z = \omega(t),$ 设 $t = t_0$ 对应的点 $M(x_0, y_0, z_0)$。

则切线方程：$\dfrac{x - x_0}{\varphi(t_0)} = \dfrac{y - y_0}{\psi(t_0)} = \dfrac{z - z_0}{\omega(t_0)}$

法平面方程：$\varphi'(t_0)(x - x_0) + \psi'(t_0)(y - y_0) + \omega'(t_0)(z - z_0) = 0$

（2）曲线为一般式（两面式）的情况。

光滑曲线 Γ: $\begin{cases} F(x,y,z)=0 \\ G(x,y,z)=0 \end{cases}$

切线方程: $\dfrac{x-x_0}{\dfrac{\partial(F,G)}{\partial(y,z)}\bigg|_M} = \dfrac{y-y_0}{\dfrac{\partial(F,G)}{\partial(z,x)}\bigg|_M} = \dfrac{z-z_0}{\dfrac{\partial(F,G)}{\partial(x,y)}\bigg|_M}$

法平面方程:

$$\frac{\partial(F,G)}{\partial(y,z)}\bigg|_M (x-x_0) + \frac{\partial(F,G)}{\partial(z,x)}\bigg|_M (y-y_0) + \frac{\partial(F,G)}{\partial(x,y)}\bigg|_M$$

$(z-z_0) = 0$

也可写成 $\begin{vmatrix} x-x_0 & y-y_0 & z-z_0 \\ F_x(M) & F_y(M) & F_z(M) \\ G_x(M) & G_y(M) & G_z(M) \end{vmatrix} = 0$

2.空间曲面的切平面和法线方程

(1)曲面方程为隐函数 $F(x,y,z)=0$。

设 $M(x_0,y_0,z_0)$ 为光滑曲面 $\sum$: $F(x,y,z)=0$ 上的一点,则过点 $M(x_0,y_0,z_0)$ 的切平面方程:

$F_x(x_0,y_0,z_0)(x-x_0)+F_y(x_0,y_0,z_0)(y-y_0)+F_z(x_0,y_0,z_0)(z-z_0)=0$

法线方程: $\dfrac{x-x_0}{F_x(x_0,y_0,z_0)}=\dfrac{y-y_0}{F_y(x_0,y_0,z_0)}=\dfrac{z-z_0}{F_z(x_0,y_0,z_0)}$

(2)曲面方程为 $z=f(x,y)$。

设 $M(x_0,y_0,z_0)$ 为光滑曲面 $\sum$: $z=f(x,y)$ 上的一点,则过点 $M(x_0,y_0,z_0)$ 的切平面方程:

$z-z_0=f_x(x_0,y_0)(x-x_0)+f_y(x_0,y_0)(y-y_0)$

法线方程: $\dfrac{x-x_0}{f_x(x_0,y_0)}=\dfrac{y-y_0}{f_y(x_0,y_0)}=\dfrac{z-z_0}{f_z(x_0,y_0)}$

（二）极值

1.无条件极值

（1）定义：若函数 $z = f(x, y)$ 在点 (x_0, y_0) 的某邻域内有 $f(x, y) \leqslant f(x_0, y_0)$（或 $f(x, y) \geqslant f(x_0, y_0)$），则称函数在该点取得极大值（极小值）。极大值和极小值统称为极值，使函数取得极值的点称为极值点。

定理 1　（必要条件）设函数 $z = f(x, y)$ 在点 (x_0, y_0) 的偏导数存在，且在该点取得极值，则有 $f'_x(x_0, y_0) = 0$，$f'_y(x_0, y_0) = 0$。

定理 2　（充分条件）若函数 $z = f(x, y)$ 在点 (x_0, y_0) 的某邻域内有一阶、二阶的连续偏导数，且 $f_x(x_0, y_0) = 0$，$f_y(x_0, y_0) = 0$。

令 $A = f_{xx}(x_0, y_0)$，$B = f_{xy}(x_0, y_0)$，$C = f_{yy}(x_0, y_0)$，

则：①当 $AC - B^2 > 0$ 时，具有极值。$A > 0$ 有极小值，$A < 0$ 有极大值。

②$AC - B^2 < 0$ 时，无极值。

③$AC - B^2 = 0$ 时，无法确定。

2.求最值

函数 f 在闭域上连续 $\Rightarrow$ 函数 f 在闭域上可达到最值。

最值可疑点：驻点和边界上的最值点。

特别，当区域内部存在最值，且只有一个极值点 P 时，$f(P)$ 为极大（极小）值 $\Rightarrow f(P)$ 为最大（最小）值。

3.条件极值

条件极值：对自变量除定义域限制外，还有其他条件限制。

条件极值的求法：（拉格朗日乘数法）。

在条件 $\varphi(x,y)=0$ 下，求函数 $z=f(x,y)$ 的极值。

引入辅助函数 $F=f(x,y)+\lambda\varphi(x,y)$，则极值点满

足：$$\begin{cases} F'_x=f'_x+\lambda\bar{\omega}'_x=0 \\ F'_y=f'_y+\lambda\bar{\omega}'_y=0 \\ F'_\lambda=\bar{\omega}=0 \end{cases}$$

解出 x,y 及 λ，则其中 (x,y) 就是可能极值点的坐标。

（三）场论初步

1. 梯度

定义 1 函数 $u=f(x,y,z)$ 在点 $M(x,y,z)$ 处的梯度为

$$\mathrm{grad}u=\left(\frac{\partial u}{\partial x},\frac{\partial u}{\partial y},\frac{\partial u}{\partial z}\right)。$$

2. 散度

定义 2 向量场 $\boldsymbol{A}(x,y,z)=P(x,y,z)\boldsymbol{i}+Q(x,y,z)\boldsymbol{j}+R(x,y,z)\boldsymbol{k}$（其中 P,Q,R 具有连续一阶偏导数）在场中点 $M(x,y,z)$ 处散度为

$$\mathrm{div}\,\boldsymbol{A}=\frac{\partial P}{\partial x}+\frac{\partial Q}{\partial y}+\frac{\partial R}{\partial z}$$

3. 旋度

定义 3 向量场 $\boldsymbol{A}(x,y,z)=P(x,y,z)\boldsymbol{i}+Q(x,y,z)\boldsymbol{j}+R(x,y,z)\boldsymbol{k}$ 在场中点 $M(x,y,z)$ 处旋度为

$$\mathrm{rot}\,\boldsymbol{A}=\begin{vmatrix} \boldsymbol{i} & \boldsymbol{j} & \boldsymbol{k} \\ \dfrac{\partial}{\partial x} & \dfrac{\partial}{\partial y} & \dfrac{\partial}{\partial z} \\ P & Q & R \end{vmatrix}$$

案例 1　鲨鱼追寻猎物的路线

一条鲨鱼在发现血腥味时,总是沿着血腥味最浓的方向追寻。在海面上进行试验表明,如果把坐标原点取在血源处,在海平面上建立平面直角坐标系,那么点(x,y)处的血液浓度（每百万份水中所含血的份数）的近似值为 $C=\dfrac{x^2+2y^2}{10^4}$,求鲨鱼从点(x_0,y_0)出发向血源前进的路线。

解:设鲨鱼前进的路线为曲线 $L:Y=f(x)$,我们首先建立 $y=f(x)$ 应满足的方程。鲨鱼追踪最强的血腥味,所以每一时刻它都将按照血液浓度变化最快,即 C 的梯度方向前进。由梯度的计算公式得

$$\mathrm{grad}\,C=\left(\frac{\partial C}{\partial x},\frac{\partial C}{\partial y}\right)=10^{-4}\,\mathrm{e}^{\frac{x^2+2y^2}{10^4}}(-2x,2y)$$

取鲨鱼前进的方向为曲线 L 的正向,相应方向的切线为正切线,正切线与 x 轴正方向的夹角为 θ,如图:

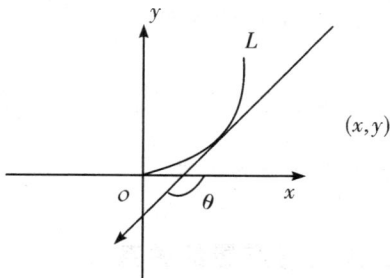

则在 L 上点 (x,y) 处 L 的正切线上的方向向量 $\vec{s}$ 可表示为 $(\cos\theta,\sin\theta)$ 或 $(1,\tan\theta)=\left(1,\dfrac{\mathrm{d}y}{\mathrm{d}x}\right)$,从而也可以表示为 $\vec{s}(\mathrm{d}x,\mathrm{d}y)$,显然,$\vec{s}$ 与 $\mathrm{grad}\,C$ 同向,从而 $\dfrac{\mathrm{d}x}{-2x}=\dfrac{\mathrm{d}y}{-4y}$,于是 $y=f(x)$ 满足的方

程为 $\dfrac{dy}{dx} = 2\,\dfrac{y}{x}$，初始条件为 $y\Big|_{x=x_0} = y_0$，方程的通解为 $y = Ax^2$，

代入初始条件得 $A = \dfrac{y_0}{x_0^2}$，故 $y = f(x) = \dfrac{y_0}{x_0^2}x^2$。

案例 2　如何使总电阻的改变量最大

有一并联电阻如图

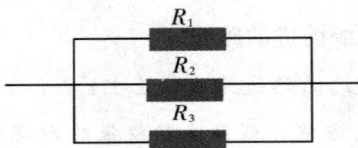

设其总电阻为 R，每个电阻 $R_1 > R_2 > R_3 > 0$，如果改变电阻 R_1, R_2, R_3 中某一个，问改变哪一个电阻会使总电阻的改变量最大？

解：函数对某一个变量的偏导数就是函数对该变量的变化率，因此需确定改变哪一个电阻能使总电阻的改变为最大，只需看各自的偏导数就行。由电学知识得 $\dfrac{1}{R} = \dfrac{1}{R_1} + \dfrac{1}{R_2} + \dfrac{1}{R_3}$，于是有

$\dfrac{\partial R}{\partial R_i} = \dfrac{R^2}{R_i^2}$，$i = 1, 2, 3$，由于 $R_1 > R_2 > R_3 > 0$，故 $\dfrac{\partial R}{\partial R_3}$ 最大，也就是改变 R_3 会使总电阻的改变量为最大。

案例 3　工人数与产量的关系

工厂有 x 名技术工人和 y 名非技术工人，每天可以生产的产品产量为 $f(x, y) = x^2 y$（件）。

现在有 16 名技术工人和 32 名非技术工人，而厂长计划再雇佣 1 名技术工人。试求厂长如何调整非技术工人的人数，可以保

持产品产量不变？

解：现在产品产量为 $f(16,32)=8192$ 件，保持这种产量的函数曲线为 $f(x,y)=8192$，对于任一给定值 x，每增加 1 名技术工人时 y 的变化量即为这函数曲线切线的斜率 $\dfrac{\mathrm{d}y}{\mathrm{d}x}$。

由隐函数求导法，可得非技术工人的变化量为

$$\frac{\mathrm{d}y}{\mathrm{d}x}=-\frac{\dfrac{\partial f}{\partial x}}{\dfrac{\partial f}{\partial y}}=-\frac{2y}{x}$$

当 $x=16$，$y=32$ 时，可得 $\dfrac{\mathrm{d}y}{\mathrm{d}x}=-4$，

因此厂长要增加 1 名技术工人并保持产量不发生变化，就要相应地减少约 4 名非技术工人。

案例 4 调整工人数量对产品产量的影响

某企业有 x 名非技术工人和 y 名技术工人生产某种产品，每月生产产品的产量为 $Q=x^2+3xy+4y^2$，现有 10 名非技术工人和 5 名技术工人，企业经理因为人员调整，需要调走 2 名非技术工人，问若要让产量保持不变需要增加多少技术工人？

解：$Q_x=2x+3y$，$Q_x(10,5)=35$，

即当 x 增加或者减少一个单位时，将大约带来产量 35 个的变化。

$Q_y=3x+8y$，$Q_y(10,5)=70$，

即当 y 增加或者减少一个单位时，将大约带来产量 70 个的变化。

故如果调走 2 名非技术工人，则应相应地增加约 1 个技术工人。

案例5 偏导数及梯度与地形变化的关系

设以海平面为坐标面,某地某点为坐标原点,地形的高程函数为 $u = x^4 + 4x^2y^2 + 2y^4 (x^2 + y^2 \leqslant 20)$,在点 $P(1,1)$ 处:

(1)计算 $\dfrac{\partial u}{\partial x}, \dfrac{\partial u}{\partial y}$ 的值并说明几何意义;

(2)求出高程增加最快和减少最快的方向及方向导数;

(3)求出高程无变化的方向。

解:(1) $\dfrac{\partial u}{\partial x}\Big|_{(1,1)} = (4x^3 + 8xy^2)\Big|_{(1,1)} = 12$。

几何意义是:在点 $(1,1)$ 处高程值沿 x 轴正向的变化率。

$\dfrac{\partial u}{\partial y}\Big|_{(1,1)} = (8x^2y + 8y^3)\Big|_{(1,1)} = 16$。

几何意义是:在点 $(1,1)$ 处高程值沿 y 轴正向的变化率。

(2)高程值沿梯度方向增加最快。

$\operatorname{grad}u = \dfrac{\partial u}{\partial x}\Big|_{(1,1)} i + \dfrac{\partial u}{\partial y}\Big|_{(1,1)} j = 12i + 16j$,

故高程增加最快的方向可取为 $n = \dfrac{3}{5}i + \dfrac{4}{5}j$。

方向导数即为梯度方向的高程变化率 $|\operatorname{grad}u| = 20$,

显然此值大于 x 轴正向和 y 轴正向的高程值变化率。

高程值沿负梯度方向减少最快。

取负梯度方向为 $-n = -\dfrac{3}{5}i - \dfrac{4}{5}j$,

方向导数即为负梯度方向的高程变化率 $-|\operatorname{grad}u| = -20$。

(3)沿着与梯度垂直的方向变化率为 0。

故可取方向 $l = -\dfrac{4}{5}i + \dfrac{3}{5}j$ 或 $-l = \dfrac{4}{5}i - \dfrac{3}{5}j$,

$$方向导数\frac{\partial u}{\partial l}\bigg|_{(1,1)}=\frac{\partial u}{\partial x}\bigg|_{(1,1)}\times\left(-\frac{4}{5}\right)+\frac{\partial u}{\partial y}\bigg|_{(1,1)}\times\frac{3}{5}$$

$$=12\times\left(-\frac{4}{5}\right)+16\times\frac{3}{5}=0$$

案例 6 铝制易拉罐最优设计

铝制易拉罐最早出现在 20 世纪 50 年代末,它的发展非常迅速,到 20 世纪末每年的消费量已有 1800 多亿只,是消费总量最大的一类金属罐。相应地,用于制造铝制易拉罐的铝材消费量同样快速增长,1963 年几乎为零,1997 年已达 360 万吨,占全球各种铝材总用量的 15%。资源的紧缺,促使铝制易拉罐生产厂商不断改进设计、更新工艺,以达到用料最省的目的。

现有某厂商为了生产一批容量为 330 毫升的固定厚度的圆柱形铝制易拉罐,怎样设计所用材料最省?(不考虑工艺等其他成本因素)

解:设铝制易拉罐得地面半径为 r cm,高度为 h cm,表面积为 S 则有

目标函数 $\quad S=2\pi rh+2\pi r^2,(r>0,h>0)$

约束条件 $\quad \pi r^2h=330$

设拉格朗日函数 $L=2\pi rh+2\pi r^2+\lambda(\pi r^2h-330)$

令 $\begin{cases}L_r=2\pi h+4\pi r+2\lambda\pi rh=0\\L_h=2\pi r+\lambda\pi r^2=0\\L_\lambda=\pi r^2h-330=0\end{cases}$

得唯一驻点 $r=\sqrt[3]{\dfrac{165}{\pi}}\approx3.75$(cm),$h=2r\approx7.50$(cm),

又因实际中铝制易拉罐所用材料最省存在,故所求出的唯一驻点即为所求材料最省的点,且此时易拉罐的表面积为

$$S_{\min}=2\pi rh+2\pi r^2\approx265.02\ (\text{cm}^2)$$

案例7 最快下山路线

模仿一个球从山坡上滚下,必定是最快最短的下山路线。因为球必定时时刻刻沿着海拔高度下降最快的方向,也就是山坡曲面最陡的方向滚下去。设山坡曲面是函数 $z = f(x, y)$,在点 (x, y) 处,z 坐标上升最陡的方向是梯度方向 $\nabla f = (f_x, f_y)$,下降最快的方向是梯度的反方向 $-\nabla f = (-f_x, -f_y)$。球在任何时刻,任何点处,都处在过该点的曲面的等高线上。现在的结论是球滚下的方向必定与等高线垂直,即与等高线的切线垂直。

球滚下的路线是最快下山路线,在数学运算上就是寻找函数 $z = f(x, y)$ 的极小值。在最优化科学里叫做最速降线法。

证明:设某条等高线是 $f(x, y) = c$,相应的参数方程是

$$\begin{cases} x = \varphi(t) \\ y = \psi(t) \end{cases},$$

点 (x, y) 在等高线上,对应参数是 t,函数 $z = f(x, y)$ 在该点的梯度向量是 (f_x, f_y),等高线在该点的切线方向向量是 (φ_t, ψ_t)。需要证明 (f_x, f_y) 与 (φ_t, ψ_t) 的内积为 0。

由于等高线在曲面上,所以无论 t 取何值,

$$z = f(\varphi(t), \psi(t)) \equiv 0。$$

$$\frac{dz}{dt} = \frac{d}{dt} f(\varphi(t), \psi(t)) = f_x \varphi_t + f_y \psi_t = 0,$$

即 $(f_x, f_y) \cdot (\varphi_t, \psi_t) = 0。$

案例8 电力线与电势等势线的关系

设 XOY 平面上分布有电势,任意点 (x,y) 处的电势是 $Z=12-4x^2-3y^2$。

(1)问在点 $(1,1)$ 处,沿那个方向电势升高得最快。此时升高的速率是多少?

(2)沿什么方向电势变化最慢? 此时变化的速率是多少?

解:(1)沿电势函数的梯度方向,电势升高最快。具体是

$$(Z_x,Z_y)=(-8x,-6y)\Big|_{(1,1)}$$

方向为 $-(8,6)$,该方向指向原点。速率是梯度的模 $=10$。

(2)沿等势线的方向变化率最小,等势线是曲线,其方向是该点 $(1,1)$ 处的切线方向,具体是点 $(1,1)$ 代入函数得电势 $=5$(伏)。等势线方程是 $7=12-4x^2-3y^2$,即 $4x^2+3y^2=5$,

切线方向是

$$\left(1,\frac{\mathrm{d}y}{\mathrm{d}x}\right)\Big|_{(1,1)}=\left(1,-\frac{8}{6}\right),即\,(6,-8)。$$

此方向垂直于梯度 $(-8,-6)$。因为等势线上的电势都相等,电势不会改变,所以变化率为 0。

五、多元函数积分学

◇ 基本知识回顾

一、二重积分的定义及可积性

1. 二重积分的定义

设 $f(x,y)$ 是定义在有界区域 D 上的有界函数，将区域 D 任意分成 n 个小区域 $\Delta\sigma_k(k=1,2,\cdots,n)$，任取一点 $(\xi_k,\eta_k)\in\Delta\sigma_k$，若存在一个常数 I，使

$$I=\lim_{\lambda\to0}\sum_{k=1}^{n}f(\xi_k,\eta_k)\Delta\sigma_k,\text{记为：}\iint_D f(x,y)\mathrm{d}\sigma,$$

则称 $f(x,y)$ 可积，并称 I 为 $f(x,y)$ 在 D 上的二重积分。

2. 二重积分的存在性

定理 若函数 $f(x,y)$ 在区域 D 上连续，则 $f(x,y)$ 在 D 上可积。

3. 二重积分几何与物理意义

几何意义 若函数 $f(x,y)$ 在区域 D 上恒有 $f(x,y)\geqslant0$，则 $\iint_D f(x,y)\mathrm{d}\sigma$ 表示以 D 为底，以 $f(x,y)$ 为曲顶的曲顶柱体的体积。

物理意义 若平面薄片 D 的面密度为 $f(x,y)$，则二重积分

$\iint\limits_D f(x,y)\mathrm{d}\sigma$ 的值表示平面薄片 D 的质量。

4. 性质

(1) $\iint\limits_D kf(x,y)\mathrm{d}\sigma = k\iint\limits_D f(x,y)\mathrm{d}\sigma$；

(2) $\iint\limits_D \big[f(x,y) \pm g(x,y) \big]\mathrm{d}\sigma = \iint\limits_D f(x,y)\mathrm{d}\sigma \pm \iint\limits_D g(x,y)\mathrm{d}\sigma$；

(3) $\iint\limits_D f(x,y)\mathrm{d}\sigma = \iint\limits_{D_1} f(x,y)\mathrm{d}\sigma + \iint\limits_{D_2} f(x,y)\mathrm{d}\sigma$

$(D_1 \cap D_2 = \varPhi, D_1 \cup D_2 = D)$；

(4) 若区域 D 的面积为 S，则 $\iint\limits_D \mathrm{d}\sigma = S$；

(5) 若在 D 上有 $f(x,y) \leqslant g(x,y)$，则 $\iint\limits_D f(x,y)\mathrm{d}\sigma \leqslant \iint\limits_D g(x,y)\mathrm{d}\sigma$；

(6) 若在 D 上有 $m \leqslant f(x,y) \leqslant M$，则 $\iint\limits_D f(x,y)\mathrm{d}\sigma = S$。（$S$ 为 D 的面积）；

(7)（二重积分的中值定理）设函数 $f(x,y)$ 在闭区域 D 上连续，S 为 D 的面积，则至少存在一点 $(\xi,\eta) \in D$，使 $\iint\limits_D f(x,y)\mathrm{d}\sigma = f(\xi,\eta)S$。

5. 二重积分的计算

(1) 直角坐标系下二重积分的计算。

若 $D: \begin{cases} \varphi_1(x) \leqslant y \leqslant \varphi_2(x) \\ a \leqslant x \leqslant b \end{cases}$ 或 $D: \begin{cases} \psi_1(y) \leqslant x \leqslant \psi_2(y) \\ c \leqslant y \leqslant d \end{cases}$，

则 $\iint\limits_D f(x,y)\mathrm{d}x\mathrm{d}y = \int_a^b \mathrm{d}x \int_{\varphi_1(x)}^{\varphi_2(x)} f(x,y)\mathrm{d}y$

$$= \int_c^d \mathrm{d}y \int_{\psi_1(y)}^{\psi_2(y)} f(x,y)\mathrm{d}x。$$

（2）极坐标系下二重积分的计算。

设 $D: \begin{cases} \varphi_1(\theta) \leqslant r \leqslant \varphi_2(\theta) \\ \alpha \leqslant \theta \leqslant \beta \end{cases}$，

则 $\iint_D f(r\cos\theta, r\sin\theta)r\mathrm{d}r\mathrm{d}\theta = \int_\alpha^\beta \mathrm{d}\theta \int_{\varphi_1(\theta)}^{\varphi_2(\theta)} f(r\cos\theta, r\sin\theta)r\mathrm{d}r$

二、三重积分

（一）三重积分的定义

定义　设 $f(x,y,z),(x,y,z)\in\Omega$，若对 Ω 作任意分割：Δv_k $(k=1,2,\cdots,n)$，任意取点 $(\xi_k,\eta_k,\zeta_k)\in\Delta v_k$，记入 $\max_{1\leqslant k\leqslant n}\{\Delta v_k$ 的直径$\}$，若下列"乘积和式"极限

$\lim_{\lambda\to 0}\sum_{k=1}^n f(\xi_k,\eta_k,\zeta_k)\Delta v_k$ 总存在，则称此极限值为函数 $f(x,y,z)$ 在 Ω 上的三重积分，记为 $\iiint_\Omega f(x,y,z)\mathrm{d}v$。

三重积分的性质与二重积分类似。

（二）三重积分的计算方法

1. 利用直角坐标计算三重积分

方法 1　投影法（"先一后二"）。

若 $\Omega: \begin{cases} z_1(x,y) \leqslant z \leqslant z_2(x,y) \\ (x,y)\in D \end{cases}$，

则 $\iiint_\Omega f(x,y,z)\mathrm{d}v = \iint_D \left(\int_{z_1(x,y)}^{z_2(x,y)} f(x,y,z)\mathrm{d}z\right)\mathrm{d}x\mathrm{d}y$。

方法 2　截面法（"先二后一"）。

若 $\Omega:\begin{cases} (x,y)\in D_z \\ a\leqslant z\leqslant b \end{cases}$,

则 $\iiint\limits_{\Omega} f(x,y,z)\mathrm{d}v = \int_a^b \left(\iint\limits_{D_z} f(x,y,z)\mathrm{d}x\mathrm{d}y \right)\mathrm{d}z$。

方法 3   三次积分法。

设区域 $\Omega:\begin{cases} z_1(x,y)\leqslant z\leqslant z_2(x,y) \\ y_1(x)\leqslant y\leqslant y_2(x) \\ a\leqslant x\leqslant b \end{cases}$,

则 $\iiint\limits_{\Omega} f(x,y,z)\mathrm{d}v = \int_a^b \mathrm{d}x \int_{y_1(x)}^{y_2(x)} \mathrm{d}y \int_{y_1(x)}^{y_2(x)} \mathrm{d}y \int_{z_1(x,y)}^{z_2(x,y)} f(x,y,$

$z)\mathrm{d}z$

2. 柱面坐标系下计算三重积分

(1)柱面坐标与直角坐标的关系。

$\begin{cases} x=\rho\cos\theta \\ y=\rho\sin\theta \\ z=z \end{cases}$,体积元素 $\mathrm{d}v=\rho\mathrm{d}\rho\mathrm{d}\theta\mathrm{d}z$。

(2)三重积分的计算。

$$\iiint\limits_{\Omega} f(x,y,z)\mathrm{d}v = \iiint\limits_{\Omega} f(\rho\cos\theta,\rho\sin\theta,z)\rho\mathrm{d}\rho\mathrm{d}\theta\mathrm{d}z。$$

适用范围:①积分域表面用柱面坐标表示时方程简单;

　　　　　②被积函数用柱面坐标表示时变量互相分离。

3. 球面坐标系下计算三重积分

直角坐标与球面坐标的关系:

$\begin{cases} x=r\sin\varphi\cos\theta \\ y=r\sin\varphi\sin\theta \\ z=\cos\varphi \end{cases}$,$\mathrm{d}v=r^2\sin\varphi\mathrm{d}r\mathrm{d}\varphi\mathrm{d}\theta$,

则 $\iiint\limits_{\Omega} f(x,y,z)\mathrm{d}v = \iiint\limits_{\Omega} f(r\sin\varphi\cos\theta,r\sin\varphi\sin\theta,$

$r\cos\varphi)\rho\mathrm{d}\rho\mathrm{d}\theta\mathrm{d}z$。

　　适用范围：①积分域表面用球面坐标表示时方程简单；

　　　　　　　②被积函数用球面坐标表示时变量互相分离.

三、曲线积分

（一）对弧长的曲线积分

1. 定义

设 Γ 是空间中一条有限长的光滑曲线，$f(x,y,z)$ 是定义在 Γ 上的一个有界函数，若通过对 Γ 的任意分割和对局部的任意取点，下列"乘积和式极限"

$$\lim_{\lambda\to0}\sum_{k=1}^{n}f(\xi_k,\eta_k,\zeta_k)\Delta s_k\ \text{存在，则称此极限为函数}\ f(x,y,z)$$

在曲线 Γ 上对弧长的曲线积分，记为：$\displaystyle\int_{\Gamma}f(x,y,z)\mathrm{d}s$；

2. 性质

（1）$\displaystyle\int_{\Gamma}[\alpha f(x,y,z)+\beta g(x,y,z)]\mathrm{d}s$

$=\alpha\displaystyle\int_{\Gamma}f(x,y,z)\mathrm{d}s+\beta\int_{\Gamma}g(x,y,z)\mathrm{d}s$；

（2）$\displaystyle\int_{\Gamma}f(x,y,z)\mathrm{d}s=\int_{\Gamma_1}f(x,y,z)\mathrm{d}s+\int_{\Gamma_2}f(x,y,z)\mathrm{d}s$

$(\Gamma=\Gamma_1+\Gamma_2)$；

（3）设在 Γ 上 $f(x,y,z)\geqslant g(x,y,z)$，则 $\displaystyle\int_{\Gamma}f(x,y,z)\mathrm{d}s\leqslant$

$\displaystyle\int_{\Gamma}g(x,y,z)\mathrm{d}s$；

（4）$\displaystyle\int_{\Gamma}\mathrm{d}s=l$（$l$ 为曲线弧 Γ 的长度）。

3. 对弧长的曲线积分的计算法

（1）平面曲线为参数方程。

设 $f(x,y)$ 为定义在光滑曲线弧 $L:x=\varphi(t),y=\psi(t)(\alpha\leqslant t\leqslant\beta)$ 上的连续函数，则曲线积分 $\int_L f(x,y)\mathrm{d}s$ 存在且

$$\int_L f(x,y)\mathrm{d}s=\int_\alpha^\beta f[\varphi(t),\psi(t)]\sqrt{\varphi'^2(t)+\psi'^2(t)}\,\mathrm{d}t。$$

（2）平面曲线 L 的方程为 $y=\psi(x)(a\leqslant x\leqslant b)$，则有

$$\int_L f(x,y)\mathrm{d}s=\int_a^b f(x,\psi(x))\sqrt{1+\psi'^2(x)}\,\mathrm{d}x。$$

（3）设空间曲线弧的参数方程为 $\Gamma:x=\varphi(t),y=\psi(t),z=\omega(t)(\alpha\leqslant t\leqslant\beta)$，则 $\int_\Gamma f(x,y,z)\mathrm{d}s=\int_\alpha^\beta f(\varphi(t),\psi(t),\omega(t))\sqrt{\varphi'^2(t)+\psi'^2(t)+\omega'^2(t)}\,\mathrm{d}t。$

（二）对坐标的曲线积分

1. 定义

设 L 为 xOy 平面内从 A 到 B 的一条有向光滑弧，在 L 上定义了一个向量函数

$$F(x,y)=(P(x,y),Q(x,y))$$

若对 L 的任意分割和在局部弧段上任意取点，极限

$$\lim_{\lambda\to 0}\sum_{k=1}^n\left[P(\xi_k,\eta_k)\Delta x_k+Q(\xi_k,\eta_k)\Delta y_k\right]$$

都存在，则称此极限为函数 $\overrightarrow{F}(x,y)$ 在有向曲线弧 L 上对坐标的曲线积分，或第二类曲线积分。记为

$$\int_L P(x,y)\mathrm{d}x+Q(x,y)\mathrm{d}y$$

类似地，若 Γ 为空间曲线弧，记 $\mathrm{d}s=(\mathrm{d}x,\mathrm{d}y,\mathrm{d}z)$

$$F(x,y,z)=(P(x,y,z),Q(x,y,z),R(x,y,z))$$

则 $\int_{\Gamma}F\cdot ds=\int_{\Gamma}P(x,y,z)dx+Q(x,y,z)dy+R(x,y,z)dz$

2. 性质

(1)用 L^{-} 表示 L 的反向弧，则

$$\int_{L^{-}}P(x,y)dx+Q(x,y)dy=-\int_{L}P(x,y)dx+Q(x,y)dy$$

(2)若 L 可分成 k 条有向光滑曲线弧 $L_i(i=1,\cdots,k)$，则

$$\int_{L}P(x,y)dx+Q(x,y)dy=\sum_{i=1}^{k}\int_{L_i}P(x,y)dx+Q(x,y)dy$$

3. 对坐标的曲线积分的计算

定理：设 $P(x,y),Q(x,y)$ 在有向光滑弧 L 上有定义且连续，L 的参数方程为

$$\begin{cases}x=\varphi(t)\\y=\psi(t)\end{cases} \quad t:\alpha\to\beta,\ 则曲线积分存在且有$$

$$\int_{L}P(x,y)dx+Q(x,y)dy$$

$$=\int_{\alpha}^{\beta}\{P[\varphi(t),\psi(t)]\varphi'(t)+Q[\varphi(t),\psi(t)]\psi'(t)\}dt$$

特别，如果 L 的方程为 $y=\psi(x),x:a\to b$，则

$$\int_{L}P(x,y)dx+Q(x,y)dy$$

$$=\int_{a}^{b}\{P[x,\psi(x)]+Q[x,\psi(x)]\psi'(x)\}dx$$

对空间光滑曲线弧 $\Gamma:\begin{cases}x=\varphi(t)\\y=\psi(t)\\z=\omega(t)\end{cases} t:\alpha\to\beta,$

$$\int_{\Gamma}P(x,y,z)dx+Q(x,y,z)dy+R(x,y,z)dz$$

$$= \int_\alpha^\beta \{ P[\varphi(t),\psi(t),\omega(t)]\varphi'(t) + Q[\varphi(t),\psi(t),\omega(t)]\varphi'(t)$$

$$+ R[\varphi(t),\psi(t),\omega(t)]\omega'(t) \} \mathrm{d}t$$

（三）两类曲线积分之间的关系

已知 L 切向量的方向余弦为 $\cos\alpha = \dfrac{\mathrm{d}x}{\mathrm{d}s}, \cos\beta = \dfrac{\mathrm{d}y}{\mathrm{d}s}$, 则两类曲线积分有如下关系

$$\int_L P(x,y)\mathrm{d}x + Q(x,y)\mathrm{d}y$$

$$= \int_L \{ P(x,y)\cos\alpha + Q(x,y)\cos\beta \}\mathrm{d}s$$

类似地，在空间曲线 Γ 上的两类曲线积分的关系是

$$\int_\Gamma P\mathrm{d}x + Q\mathrm{d}y + R\mathrm{d}z = \int_\Gamma (P\cos\alpha + Q\cos\beta + R\cos\gamma)\mathrm{d}s$$

（四）格林公式

定理　设区域 D 是由分段光滑正向曲线 L 围成，函数 $P(x,y),Q(x,y)$ 在 D 上具有连续一阶偏导数，则有

$$\iint\limits_D \left(\frac{\partial Q}{\partial x} - \frac{\partial P}{\partial y} \right)\mathrm{d}x\mathrm{d}y = \oint_L P\mathrm{d}x + Q\mathrm{d}y \quad （格林公式）$$

（五）曲线积分与路径无关的条件

定理　设 D 是单连通域，函数 $P(x,y),Q(x,y)$ 在 D 上具有连续一阶偏导数，则曲线积分 $\displaystyle\int_L P\mathrm{d}x + Q\mathrm{d}y$ 与路径无关，只与起止点有关 $\Leftrightarrow \dfrac{\partial P}{\partial y} = \dfrac{\partial Q}{\partial x}$ $(x,y) \in D$。

（六）全微分

定理　设 D 是单连通域，函数 $P(x,y),Q(x,y)$ 在 D 上具有连续一阶偏导数，则 $P\mathrm{d}x+Q\mathrm{d}y$ 在 D 内是某一函数 $u(x,y)$ 的全微分，即 $\mathrm{d}u(x,y)=P\mathrm{d}x+Q\mathrm{d}y$

$$\Leftrightarrow \frac{\partial P}{\partial y}=\frac{\partial Q}{\partial x} \quad (x,y)\in D$$

四、曲面积分

（一）对面积的曲面积分

1. 定义

设 $\sum$ 为光滑曲面，$f(x,y,z)$ 是定义在 $\sum$ 上的一个有界函数，若对 $\sum$ 做任意分割和局部区域任意取点，下列"乘积和式"极限

$$\lim_{\lambda\to 0}\sum_{k=1}^{n}f(\xi_k,\eta_k,\zeta_k)\Delta S_k \text{ 存在},$$

则称此极限值为函数 $f(x,y,z)$ 在曲面 $\sum$ 上对面积的曲面积分或第一类曲面积分。

记为 $\displaystyle\iint_{\sum}f(x,y,z)\mathrm{d}S$

2. 性质

（1）（对积分域的可加性）设 $\sum$ 是分片光滑的且 $\sum = \sum_1 + \sum_2$ 则有

$$\iint_{\sum}f(x,y,z)\mathrm{d}S = \iint_{\sum_1}f(x,y,z)\mathrm{d}S + \iint_{\sum_2}f(x,y,z)\mathrm{d}S$$

（2）设 k_1, k_2 为常数，$\iint_\Sigma [k_1 f(x,y,z) \pm k_2 g(x,y,z)] \mathrm{d}S$

$= k_1 \iint_\Sigma f(x,y,z) \mathrm{d}S \pm k_2 \iint_\Sigma g(x,y,z) \mathrm{d}S$

3. 对面积的曲面积分的计算方法

定理：设有光滑曲面 $\sum$：$z = z(x,y)$，$(x,y) \in D_{xy}$，$f(x,y,z)$ 在 $\sum$ 上连续，则曲面积分 $\iint_\Sigma f(x,y,z)\mathrm{d}S$ 存在，且有

$$\iint_\Sigma f(x,y,z)\mathrm{d}S = \iint_{D_{xy}} f(x,y,z(x,y)) \sqrt{1 + z_x^2(x,y) + z_y^2(x,y)} \,\mathrm{d}x\mathrm{d}y$$

（二）对坐标的曲面积分

1. 定义

设 $\sum$ 为光滑的有向曲面，在 $\sum$ 上定义了一个向量场

$$\vec{A} = (P(x,y,z), Q(x,y,z), R(x,y,z)),$$

若对 $\sum$ 的任意分割和在局部面元上任意取点，下列极限都存在

$$\lim_{\lambda \to 0} \sum_{i=1}^n \left[P(\xi_i, \eta_i, \zeta_i)(\Delta S_i)_{yz} + Q(\xi_i, \eta_i, \zeta_i)(\Delta S_i)_{zx} + R(\xi_i, \eta_i, \zeta_i)(\Delta S_i)_{xy} \right]$$

则称此极限为向量场 $\vec{A}$ 在有向曲面上对坐标的曲面积分，或第二类曲面积分。记为 $\iint_\Sigma P\mathrm{d}y\mathrm{d}z + Q\mathrm{d}z\mathrm{d}x + R\mathrm{d}x\mathrm{d}y$

2. 对坐标的曲面积分的性质

（1）若 $\sum = \sum_1 + \sum_2$，则 $\iint_\Sigma P\mathrm{d}y\mathrm{d}z + Q\mathrm{d}z\mathrm{d}x + R\mathrm{d}x\mathrm{d}y$

$$= \iint_{\sum_1} P\mathrm{d}y\mathrm{d}z + Q\mathrm{d}z\mathrm{d}x + R\mathrm{d}x\mathrm{d}y + \iint_{\sum_2} P\mathrm{d}y\mathrm{d}z + Q\mathrm{d}z\mathrm{d}x +$$
$R\mathrm{d}x\mathrm{d}y$

（2）用$\sum^-$表示$\sum$的反向曲面，则

$$\iint_{\sum^-} P\mathrm{d}y\mathrm{d}z + Q\mathrm{d}z\mathrm{d}x + R\mathrm{d}x\mathrm{d}y = -\iint_{\sum} P\mathrm{d}y\mathrm{d}z + Q\mathrm{d}z\mathrm{d}x +$$
$R\mathrm{d}x\mathrm{d}y$

3. 对坐标的曲面积分的计算方法

定理：设光滑曲面$\sum : z = z(x,y),(x,y) \in D_{xy}$取上侧，$R$$(x,y,z)$是$\sum$上的连续函数，则

$$\iint_{\sum} R(x,y,z)\mathrm{d}x\mathrm{d}y = \iint_{D_{xy}} R(x,y,z(x,y))\mathrm{d}x\mathrm{d}y$$

说明：如果积分曲面$\sum$取下侧，则

$$\iint_{\sum} R(x,y,z)\mathrm{d}x\mathrm{d}y = -\iint_{D_{xy}} R(x,y,z(x,y))\mathrm{d}x\mathrm{d}y$$

（三）两类曲面积分之间的关系

设曲面$\sum$上的点(x,y,z)处的法线的方向余弦为$\cos\alpha$，$\cos\beta,\cos\gamma$，则有

$$\iint_{\sum} P\mathrm{d}y\mathrm{d}z + Q\mathrm{d}z\mathrm{d}x + R\mathrm{d}x\mathrm{d}y = \iint_{\sum}(P\cos\alpha + Q\cos\beta + R\cos\gamma)\mathrm{d}S$$

（四）高斯公式

定理　设空间闭区域Ω由分片光滑的闭曲面$\sum$所围成，$\sum$的方向取外侧，函数P,Q,R在Ω上有连续的一阶偏导数，则有

$$\iiint_\Omega \left(\frac{\partial P}{\partial x} + \frac{\partial Q}{\partial y} + \frac{\partial R}{\partial z}\right) \mathrm{d}x\mathrm{d}y\mathrm{d}z = \oiint_{\sum} P\mathrm{d}y\mathrm{d}z + Q\mathrm{d}z\mathrm{d}x + R\mathrm{d}x\mathrm{d}y$$

（五）斯托克斯公式

定理　设光滑曲面 $\sum$ 的边界 Γ 是分段光滑曲线，$\sum$ 的侧与 Γ 的正向符合右手法则，P,Q,R 在包含 $\sum$ 在内的一个空间域内具有连续一阶偏导数，则有

$$\iint_{\sum} \left(\frac{\partial R}{\partial y} - \frac{\partial Q}{\partial z}\right)\mathrm{d}y\mathrm{d}z + \left(\frac{\partial P}{\partial z} - \frac{\partial R}{\partial x}\right)\mathrm{d}z\mathrm{d}x + \left(\frac{\partial Q}{\partial x} - \frac{\partial P}{\partial y}\right)\mathrm{d}x\mathrm{d}y$$

$$= \oint_\Gamma P\mathrm{d}x + Q\mathrm{d}y + R\mathrm{d}z$$

为便于记忆，斯托克斯公式还可写作：

$$\iint_{\sum} \begin{vmatrix} \mathrm{d}y\mathrm{d}z & \mathrm{d}z\mathrm{d}x & \mathrm{d}x\mathrm{d}y \\ \dfrac{\partial}{\partial x} & \dfrac{\partial}{\partial y} & \dfrac{\partial}{\partial z} \\ P & Q & R \end{vmatrix} = \oint_\Gamma P\mathrm{d}x + Q\mathrm{d}y + R\mathrm{d}z$$

案例 1　火山爆发后高度的变化

设一火山的形状可以用曲面 $z = h\mathrm{e}^{\frac{-\sqrt{x^2+y^2}}{2h}}$ 来表示。在一次喷发后，有体积为 $8000 \ \mathrm{m}^3$ 的熔岩黏附在山上，假设该火山在喷发前的高度为 $10 \ \mathrm{m}$，并将喷发后火山的形状视为与原来一样。求火山高度变化的百分比。

解：设 V_0 为火山喷发前的体积，V_1 为喷发后的体积，h_1 为喷发后火山的高度。于是 $V = V_1 - V_0 = 8000$，要求的是 $\dfrac{h_1 - 10}{10}$ $\times 100\%$。

先计算火山喷发前的体积 $V_0 = \iint\limits_{D} h \cdot e^{-\frac{\sqrt{x^2+y^2}}{2h}} \mathrm{d}x\mathrm{d}y$，由于火山的底部很大，可以看成无穷大，选用极坐标计算，有

$$V_0 = \int_0^{2\pi} \mathrm{d}\theta \int_0^{+\infty} h \cdot e^{-\frac{r}{2h}} \mathrm{d}r$$

$$= 2\pi h \cdot (-2h) \left[r \cdot e^{-\frac{r}{2h}} \Big|_0^{+\infty} - \int_0^{+\infty} e^{-\frac{r}{2h}} \mathrm{d}r \right]$$

$$= 4\pi h^2 (-2h) e^{-\frac{r}{2h}} \Big|_0^{+\infty} = 8\pi h^3$$

由于 $h = 10$，于是，$V_1 = 8\pi h_1^3$，$V_0 = 8000\pi$，

$V = 8\pi h_1^3 - 8000\pi = 8000$，

$$h_1 = \left(\frac{8000 + 8000\pi}{8\pi} \right)^{\frac{1}{3}} \approx 10.97(\mathrm{m})，$$

所以，火山高度变化的百分比为 $\dfrac{h_1 - 10}{10} \times 100\% = \dfrac{10.97 - 10}{10} \times 100\% = 9.7\%$。

案例 2　铸件的质量

有一铸件，由抛物线 $y = x^2$ 和 $y - 1 = 2x^2$ 围成的图形绕 y 轴旋转而成，试计算该铸件的质量（长度单位 cm，铸件密度是 7.8 g/cm³）

解：在空间直角坐标系中，曲线 $y = x^2$ 绕 y 轴旋转而成的旋转曲面方程为 $y = x^2 + z^2$。

曲线 $y - 1 = 2x^2$ 绕 y 轴旋转而成的旋转曲面方程为 $y - 1 = 2x^2 + 2z^2$。

联解两曲面方程可得铸件在平面 xOz 上的投影区域为 D_{xz}：
$$\begin{cases} x^2 + z^2 \leqslant 1, \\ y = 0 \end{cases}$$

$$铸件的质量 \; m = 7.8 \times 10^3 \iint\limits_{D_{xz}} (2x^2 + 2z^2 + 1 - x^2 - z^2) \mathrm{d}x\mathrm{d}z$$

$$= 7.8 \times 10^3 \int_0^{2\pi} \mathrm{d}\theta \int_0^1 (2r^2 + 1 - r^2) r \mathrm{d}r$$

$$= 15.6 \times 10^3 \pi \int_0^1 (r^3 + r) \mathrm{d}r$$

$$= 11.7 \times 10^3 \pi$$

$$\approx 36756$$

即铸件的质量约为 36756 克。

案例 3   抛光处理的费用

已知某雕塑为曲顶柱体,现要对此雕塑的顶面 $\begin{cases} z = xy \\ x^2 + y^2 \leqslant 4 \end{cases}$

进行抛光打磨处理,若每平方米的处理费用为 100 元,问该项处理的费用是多少?

解:该曲顶柱面的顶面的表面积

$$S = \iint\limits_{D_{xy}} \sqrt{1 + z_x^2 + z_y^2} \, \mathrm{d}x\mathrm{d}y$$

$$= \iint\limits_{D_{xy}} \sqrt{1 + x^2 + y^2} \, \mathrm{d}x\mathrm{d}y$$

$$= \int_0^{2\pi} \mathrm{d}\theta \int_0^2 \sqrt{1 + r^2} \, r \mathrm{d}r$$

$$= 2\sqrt{5}\,\pi$$

$$\approx 14.05$$

即对雕塑顶面的抛光打磨处理需要约 1405 元。

案例4 陨石坑的体积

许多星球表面都有陨石坑,地球也有。一个巨大的陨石坑,可以看做是球面,球面半径非常大,有时会有几公里。但是这不是一个完整的半球面,只是一个相对于球的半径来说,深度很小很浅的球冠。可以测得坑内表面的曲率,进而得到曲率半径,可知该陨石坑球面的半径 R。陨石坑边缘是圆,也能测得该圆半径 r。现在已知 R,r,求该陨石坑的体积 V,以及平均深度 h。

分析:本例固然可用立体几何里球冠体积的公式,因为球面是一种简单曲面。假如远古的陨石坑由于风化作用,现在其内表面已不是球面,故不可用球冠公式。环境工程里的一些湖泊的湖床曲面也不是球面,很多坑状物内表面都不是球面,而是椭球面,或者椭球正弦曲面等有着复杂方程的曲面,可使用微积分的方法统一解决。因此本题将使用二重积分求陨石坑的体积,而不使用球冠体积公式。

解:设陨石坑内表面方程是

$$f(x,y) = -\sqrt{R^2 - x^2 - y^2},$$

陨石坑边缘是圆周,其方程是 $x^2 + y^2 = r^2$,所围成的区域记为 D,

体积 $\quad V = \iint\limits_{D} |f(x,y)|\,\mathrm{d}x\mathrm{d}y - \pi r^2 \sqrt{R^2 - r^2}$

上式第一项是冠状体与柱体体积之和,第二项只是柱体体积,所以两者要相减。

$$
\begin{aligned}
V &= \iint\limits_{D} \sqrt{R^2 - x^2 - y^2}\,\mathrm{d}x\mathrm{d}y - \pi r^2 \sqrt{R^2 - r^2} \\
&= \int_0^{2\pi} \mathrm{d}\theta \int_0^r \sqrt{R^2 - \rho^2}\,\mathrm{d}\rho - \pi r^2 \sqrt{R^2 - r^2}
\end{aligned}
$$

$$= \frac{2}{3}\pi\big[R^3 - (R^2 - r^2)^{\frac{3}{2}}\big]$$

平均深度

$$h = \frac{V}{\pi r^2} = \frac{2}{3}\frac{\big[R^3 - (R^2 - r^2)^{\frac{3}{2}}\big]}{r^2}。$$

注:本题第一问实际上应用了二元函数二重积分表示曲顶柱体体积。第二问应用了二元函数的积分中值定理:曲顶柱体的平均高度即二元函数的平均值,是二重积分除以定义域的面积。

引申:h_m 是湖底最深处的最大深度,$\dfrac{x^2}{a^2} + \dfrac{y^2}{b^2} = 1$ 是湖面边界,则湖床曲面是

$$f(x,y) = -h_m\cos\Big(\frac{\pi}{2}\sqrt{\frac{x^2}{a^2} + \frac{y^2}{b^2}}\Big), \quad D:\Big\{(x,y)\mid \frac{x^2}{a^2} + \frac{y^2}{b^2} \leqslant$$

$1\}$,可计算湖水体积与平均深度。

案例 5　地区降水总量问题

某地区城市分布呈矩形形状,东西长约为 500 km,南北长约为 30 km(如图,$OA = 500\,\text{km}$,$OB = 300\,\text{km}$)。受到各种因素的影响,该区域内年降水量受到地理位置影响的大致关系为 $L(x,y) = 0.1x + 0.2y$(升/平方公里)。试求该地区总的降水量。

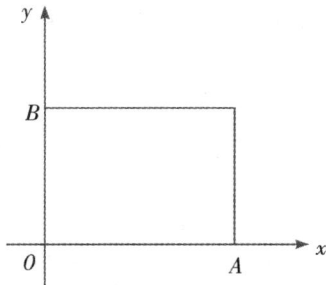

解：由二重积分得，总的降水量

$$L = \int_0^{500} dx \int_0^{300} (0.1x + 0.2y) dy$$

$$= 8.25 \times 10^6 (升)$$

故该地区的降水总量为 8.25×10^6 升。

案例 6　液体的静压力

设有半径为 R 的圆管道，如图，内部充满液体（密度为 ρ），求液体对管道闸门（垂直于管道的轴）的静压力。

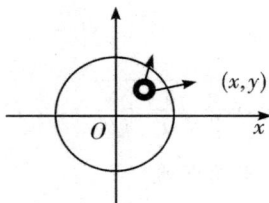

解：如图在管道闸门上建立坐标系，取圆心为坐标原点。

由于压强随点而变，所以闸门上静压力的分布是不均匀的，并且关于区域具有可加性。因此这是在圆域 $D = \{(x, y) \mid x^2 + y^2 \leqslant R^2\}$ 上的二重积分问题，在微小区域（$d\sigma$）上把非均匀分布的压力看作是均匀的，即把变化的压强看作不变压强，有 $P = (R - y)\rho g$。

从而 $F = \iint\limits_{D} \rho g (R - y) d\sigma = \rho g \int_0^{2\pi} d\theta \int_0^R r(R - r\sin\theta) dr - \rho g \pi R^3$。

六、级数

◇ 基本知识回顾

无穷级数

级数就是无限多项求和。这个和可能存在，叫做收敛，也可能不存在，叫做发散。

一般说来，级数分为数项级数与函数项级数。数项级数知识最简单、最基本。函数项级数的知识是基于数项级数的知识进行讨论，是数项级数的升级版。函数项级数的各项以幂函数和正弦余弦函数最基本，因此函数项级数里最重要的是幂函数组成的幂级数、正弦余弦函数组成的傅里叶级数。

本单元主要的知识是数项级数、幂级数、傅里叶级数。

（一）基本概念

1. 数项级数收敛或发散的定义

设有数列 u_n，$\sum\limits_{n=1}^{\infty} u_n$ 称为数项级数，简称为级数。$S_n = \sum\limits_{i=1}^{n} u_i$ 称为部分和（中学数学里称为前 n 项和）。若 $\lim\limits_{n\to\infty} S_n = S$，则称级数 $\sum\limits_{n=1}^{\infty} u_n$ 收敛，且 $\sum\limits_{n=1}^{\infty} u_n = S$。若 $\lim\limits_{n\to\infty} S_n$ 不存在，则称级数 $\sum\limits_{n=1}^{\infty} u_n$ 发散。

2. 函数项数收敛或发散的定义

设有函数列 $u_n(x), x \in I, \sum\limits_{n=1}^{\infty} u_n(x)$ 称为函数项级数。函数项级数不能笼统地称为收敛或发散。

取 $x_0 \in I$ 代入函数项级数,得到数项级数 $\sum\limits_{n=1}^{\infty} u_n(x_0)$,若 $\sum\limits_{n=1}^{\infty} u_n(x_0)$ 收敛,则称 x_0 为收敛点。若 $\sum\limits_{n=1}^{\infty} u_n(x_0)$ 发散,则称 x_0 为发散点。全体收敛点组成集合 $D, D \subset I$,称为收敛域。全体发散点组成发散域。

3. 和函数 S(x)

设 $x \in D, D$ 为收敛域,$\sum\limits_{n=1}^{\infty} u_n(x) = S(x)$,此和与 x 有关,称作和函数。和函数的定义域只能是函数项级数的收敛域 D,不能是函数项级数中各个函数的定义域 I。

(二)基本知识点

(1)正项级数收敛判别法:比较法、比值法、根值法、积分判别法。

(2)一般的数项级数 $\sum\limits_{n=1}^{\infty} u_n$,若 $\sum\limits_{n=1}^{\infty} |u_n|$ 收敛,则称 $\sum\limits_{n=1}^{\infty} u_n$ 绝对收敛。若 $\sum\limits_{n=1}^{\infty} |u_n|$ 发散,但 $\sum\limits_{n=1}^{\infty} u_n$ 收敛,则称 $\sum\limits_{n=1}^{\infty} u_n$ 条件收敛。若 $\sum\limits_{n=1}^{\infty} |u_n|$ 收敛,则 $\sum\limits_{n=1}^{\infty} u_n$ 一定收敛。若 $\sum\limits_{n=1}^{\infty} u_n$ 发散,则 $\sum\limits_{n=1}^{\infty} |u_n|$ 一定发散。

（3）幂级数的收敛半径，收敛区间，收敛域：$\sum\limits_{n=0}^{\infty} a_n(x-x_0)^n$

称为点 x_0 的幂级数。$\sum\limits_{n=0}^{\infty} a_n x^n$ 称为 0 点的幂级数。

存在正实数 R，使幂级数有下列性质：

当 $x \in (-R, R)$，$\sum\limits_{n=1}^{\infty} a_n x^n$ 绝对收敛；当 $x \in (-\infty, -R) \cup (R, +\infty)$，$\sum\limits_{n=0}^{\infty} a_n x^n$ 发散；当 $x = \pm R$，$\sum\limits_{n=0}^{\infty} a_n x^n$ 的敛散性没有固定的结论，需要具体问题具体分析。

当 $x \in (x_0 - R, x_0 + R)$，$\sum\limits_{n=0}^{\infty} a_n(x-x_0)^n$ 绝对收敛；当 $x \in (-\infty, x_0 - R) \cup (x_0 + R, +\infty)$，$\sum\limits_{n=0}^{\infty} a_n(x-x_0)^n$ 发散；当 $x = x_0 \pm R$，$\sum\limits_{n=0}^{\infty} a_n(x-x_0)^n$ 的敛散性没有固定的结论，需要具体问题具体分析。

其中，R 称为收敛半径，$(-R, R)$ 与 $(x_0 - R, x_0 + R)$ 称为收敛区间。如果区间的某些端点也收敛，则区间及这些收敛的端点称为收敛域。

（4）$\lim\limits_{n \to \infty} \left| \dfrac{a_{n+1}}{a_n} \right| = \dfrac{1}{R}$，$\lim\limits_{n \to \infty} \sqrt[n]{|a_n|} = \dfrac{1}{R}$。

（5）幂级数在收敛域内，和函数连续，可以逐项积分，逐项求导。

（6）泰勒级数：函数 $f(x)$ 在区间 $(x_0 - R, x_0 + R)$ 内任意阶可导，则可以展开为幂级数

$$\sum_{n=0}^{\infty} a_n(x-x_0)^n = \sum_{n=0}^{\infty} \frac{f^{(n)}(x_0)}{n!}(x-x_0)^n,$$

麦克劳林级数：函数 $f(x)$ 在区间 $(-R, R)$ 内任意阶可导，则

可以展开为幂级数

$$\sum_{n=0}^{\infty} a_n x^n = \sum_{n=0}^{\infty} \frac{f^{(n)}(0)}{n!} x^n,$$

（7）周期为 2π 的周期函数的傅里叶级数：周期函数 $f(x)$ 的周期 $T = 2\pi$，在一个周期区间内，只有有限个极值点，有限个第一类间断点，没有第二类间断点，则函数 $f(x)$ 可以展开为一些简单的周期函数，三角函数之和，即傅里叶级数 $\frac{a_0}{2} + \sum_{n=1}^{\infty} (a_n \cos nx + b_n \sin nx)$，

其中 $a_n = \frac{1}{\pi} \int_{-\pi}^{\pi} f(x) \cos nx \mathrm{d}x, b_n = \frac{1}{\pi} \int_{-\pi}^{\pi} f(x) \sin nx \mathrm{d}x$。

傅里叶级数的和函数

$$S(x) = \begin{cases} f(x) & \text{当 } f \text{ 在 } x \text{ 连续,} \\ \dfrac{f(x-0)+f(x+0)}{2} & \text{当 } f \text{ 在 } x \text{ 不连续。} \end{cases}$$

（8）一般周期函数的傅里叶级数：周期函数 $f(x)$ 的周期 $T = 2l$，在一个周期区间内，只有有限个极值点，有限个第一类间断点，没有第二类间断点，则函数 $f(x)$ 可以展开为一些简单的周期函数，三角函数之和，即傅里叶级数 $\frac{a_0}{2} + \sum_{n=1}^{\infty} (a_n \cos \frac{n\pi x}{l} + b_n \sin \frac{n\pi x}{l})$，

其中 $a_n = \frac{1}{l} \int_{-l}^{l} f(x) \cos \frac{n\pi x}{l} \mathrm{d}x, b_n = \frac{1}{l} \int_{-l}^{l} f(x) \sin \frac{n\pi x}{l} \mathrm{d}x$，

傅里叶级数的和函数

$$S(x) = \begin{cases} f(x) & \text{当 } f \text{ 在 } x \text{ 连续,} \\ \dfrac{f(x-0)+f(x+0)}{2} & \text{当 } f \text{ 在 } x \text{ 不连续。} \end{cases}$$

案例 1 存款问题

银行的存款年利率为 $r=0.05$，并依年复利计算。某人希望通过存款 A 万元，实现第一年提取 15 万元，第二年提取 20 万元，…，第 n 年提取 $(10+5n)$ 万元，并能按此规律一直提下去。试问他应存款多少万元？

解：假设现在存款 a_n 万元，则 n 年后的本利和为 $b_n=a_n(1+r)^n$，则 $a_n=b_n(1+r)^{-n}$。

即 n 年后提取 b_n 万元，则现在存款 $a_n=b_n(1+r)^{-n}$。

所以现在应存总额为：$A=\displaystyle\sum_{n=1}^{\infty}a_n=\sum_{n=1}^{\infty}b_n(1+r)^{-n}$

$=\displaystyle\sum_{n=1}^{\infty}(10+5n)1.05^{-n}$。

现求上述级数之和，根据级数的和的定义，令 S_n

$=\displaystyle\sum_{k=1}^{n}(10+5k)1.05^{-k}$。

$\dfrac{S_n}{1.05}=\displaystyle\sum_{k=1}^{n}(10+5k)1.05^{-k-1}$。

两式相减：$\dfrac{0.05}{1.05}S_n=\displaystyle\sum_{k=1}^{n}(10+5k)1.05^{-k}-\sum_{k=1}^{n}(10+5k)1.05^{-k-1}$，

即：$\dfrac{0.05}{1.05}S_n=\dfrac{15}{1.05}+\displaystyle\sum_{k=1}^{n-1}[10+5(k+1)]1.05^{-k-1}-\sum_{k=1}^{n-1}[(10+5k)1.05^{-k-1}-(10+5n)1.05^{-n-1}]$

$=\dfrac{15}{1.05}+\displaystyle\sum_{k=1}^{n-1}1.05^{-k-1}-(10+5n)1.05^{-n-1}$

$=\dfrac{15}{1.05}+5\times\dfrac{(1-\dfrac{1}{1.05^{n-1}})\dfrac{1}{1.05^2}}{1-\dfrac{1}{1.05}}-(10+5n)1.05^{-n-1}$

两边求极限：$\lim\limits_{n\to\infty}\dfrac{0.05}{1.05}S_n=\dfrac{15}{1.05}+\dfrac{5\times\dfrac{1}{1.05^2}}{1-\dfrac{1}{1.05}}=\dfrac{115}{1.05}$

故 $A=\lim\limits_{n\to\infty}S_n=\dfrac{115}{0.05}=2230$（万元）。

案例 2　天然气产量问题

某油气田的经验数据信息显示，天然气在开采后第 n 年的产量可大致由下面的函数给出：$Q(n)=an(0.98)^n$（百万米^3）。其中，a 为一常数，$a>0$，试根据上述式子估计前 n 年的总产量。

解：$Q=\sum\limits_{k=1}^{n}Q(n)=\sum\limits_{k=1}^{n}ak(0.98)^k=a\sum\limits_{k=1}^{n}k(0.98)^k$

$$=a\sum_{k=1}^{n}kq^k,$$

则 $q=0.98$。

$$\sum_{k=1}^{n}kq^k=\sum_{k=1}^{n}(k+1)q^k-\sum_{k=1}^{n}q^k=\sum_{k=1}^{n}[q^{k+1}]'-\sum_{k=1}^{n}q^k$$

$$=\Big[\sum_{k=1}^{n}q^{k+1}\Big]'-\frac{q(1-q^n)}{1-q}=\Big[\frac{q^2(1-q^n)}{1-q}\Big]'-$$

$$\frac{q(1-q^n)}{1-q}\text{（以 }q\text{ 为变量）}$$

$$=\frac{[2q(1-q^n)+q^2(-nq^{n-1})](1-q)+q^2(1-q^n)}{(1-q)^2}-$$

$$\frac{q(1-q^n)}{1-q}$$

$$=q\frac{1-(n+1)q^n+nq^{n+1}}{(1-q)^2}$$

$$\therefore Q=aq\frac{1-(n+1)q^n+nq^{n+1}}{(1-q)^2}=a\times0.98\times\frac{1-(n+1)0.98^n+n0.98^{n+1}}{(0.02)^2}$$

比如当 $a=0.085$，$n=20$ 时，

前 20 年总产量

$$Q=0.085\times0.98\times\frac{1-(20+1)0.98^n+20\times0.98^{21}}{(0.02)^2}$$

$$\approx17.493(百万米^3)$$

案例 3 辐射能与温度的关系——斯特藩－玻尔兹曼定律

太阳辐射以光速 $c=3\times10^8$ 米/秒射向地球，同时它具有微粒和波动这二者的特性。在自然地理系统中，对于辐射能的接受和贮存，都离不开辐射能的这些特性。如绿色植物进行光合作用，所吸收的能量就是以光量子的形式进行的。正是由于辐射能的这种量子特性，因此，量子能量的大小取决于波长和频率：

$$M=hv=\frac{hc}{\lambda} \tag{1}$$

其中，M 为量子的能量；$h=6.63\times10^{-34}$ 焦·秒为普朗克常数；v 为频率；λ 为波长；c 是光速。

不但太阳能发出辐射，自然界中的很多物质都能发出辐射。不同温度的物体向外辐射不同频率的电磁波。实验表明：辐射能力越强的物体，其吸收能力越强。能完全吸收照射到它表面上的各种频率光的物体称为黑体。地表面十分近似于一个黑体，因此它也具有类似于黑体发射时的规律。知道这种特性，对于了解自然地理系统中的能量转换，对于遥感技术的应用，是十分必要的。一个黑体的单位面积上所发射的辐射能，是由斯特藩—玻尔兹曼定律来描述的，即

$$M(T)=\sigma T^4 \tag{2}$$

其中，$M(T)$ 为理想黑体所发射的能量，T 是用开氏温标表

达时的绝对温度数值，σ 为斯特藩—玻尔兹曼常数，可以用已经制定好的表，查出在不同温度 T 时 $M(T)$ 的数值。

斯特藩－玻尔兹曼定律的证明要用到下述的普朗克黑体辐射公式。

按照普朗克的量子化假设，在单位时间内，从温度为 T 的黑体单位面积上，频率在 $v \to dv$ 范围内所辐射的能量为

$$M_v(T)\,dv = \frac{2\pi h v^3}{c^2} \frac{dv}{e^{kv/kT} - 1} \tag{3}$$

由（3）式，温度为 T 的黑体，在单位时间内由单位面积上辐射出各种频率的电磁波能量总和为

$$M(T) = \int_0^{+\infty} M_v(T)\,dv = 2\pi h v^3 c^{-2} \int_0^{+\infty} \frac{1}{e^{kv/kT} - 1}\,dv \tag{4}$$

设 $x = \dfrac{hv}{kT}$，则 $v = \dfrac{kT}{h}x$，于是有 $dv = \dfrac{kT}{h}dx$。将其代入（4）式得

$$M(T) = 2\pi hc^{-2}\left(\frac{kT}{h}\right)^4 \int_0^{+\infty} \frac{x^3}{e^x - 1}dx \tag{5}$$

根据函数的泰勒展开公式，当 $|z| < 1$ 时，

$$\frac{1}{1-z} = 1 + z + z^2 + \cdots + z^n + \cdots,$$

$$\frac{x^3}{e^x - 1} = x^3 e^{-x} \frac{1}{1 - e^{-x}} = x^3 e^{-x}(1 + e^{-x} + e^{-2x} + \cdots + e^{-nx} + \cdots)$$

$$= x^3(e^{-x} + e^{-2x} + \cdots + e^{-nx} + \cdots), \tag{6}$$

由广义积分的分部积分公式

$$\int_0^{+\infty} x^3 e^{-nx}\,dx = \frac{3!}{n^4}, \tag{7}$$

所以

$$\int_0^{+\infty} \frac{x^3}{e^x - 1}\,dx = \int_0^{+\infty} x^3 e^{-x}\,dx + \int_0^{+\infty} x^3 e^{-2x}\,dx + \cdots$$

$$+ \int_0^{+\infty} x^3 \mathrm{e}^{-nx}\,\mathrm{d}x + \cdots$$

$$= 6\left(1 + \frac{1}{2^4} + \frac{1}{3^4} + \cdots + \frac{1}{n^4} + \cdots\right) \qquad (8)$$

由于 $y = x^2(x - 2\pi)$ 在 $[0, 2\pi]$ 上的傅里叶级数展开式为

$$y = \frac{8\pi^4}{15} - 48\sum_{n=1}^{\infty} \frac{1}{n^4}\cos n\pi x, \qquad (9)$$

当 $x = 0$ 时,将 $y = 0$ 代入(9)式得

$$0 = \frac{8\pi^4}{15} - 48\sum_{n=1}^{\infty} \frac{1}{n^4}, \qquad (10)$$

所以 $1 + \dfrac{1}{2^4} + \dfrac{1}{3^4} + \cdots + \dfrac{1}{n^4} + \cdots = \dfrac{\pi^4}{90}$,将其代入(8)式得

$$\int_0^{+\infty} \frac{x^3}{\mathrm{e}^x - 1}\,\mathrm{d}x = \frac{\pi^4}{15},$$

再将其代入到(5)式,斯特藩-玻尔兹曼公式得证。

案例4 怎样砍伐森林资源才不破坏生态

级数与极限:某市森林资源丰富,砍伐木材可以出卖,砍伐后的土地还可以做其他用途,比如种植经济效益比木材更高的珍贵植物或养殖珍贵动物,或者发展房地产业。但是为了保持生态平衡,国家规定森林面积红线,砍伐掉的森林面积永远不能超过现有面积的1/10。因此每年砍伐的森林面积只能逐年递减,并且以 1% 的速度递减。问今年能砍掉的森林面积最多是现在森林面积的百分之几?

解:设有森林总面积 M 公顷。今年砍掉 x 公顷。则从今以后所有砍伐面积之和是

$$x + 0.99x + (0.99)^2 x + (0.99)^3 x + (0.99)^4 x + \cdots \leqslant \frac{M}{10},$$

上式左边求和 $100x \leqslant \dfrac{M}{10}$,

所以 $x \leqslant \dfrac{M}{1000}$,

故今年最多只能砍掉 0.1% 的森林面积。

案例 5   龟兔赛跑

公元前 5 世纪,希腊哲学家 Zeno(齐诺)提出了一个关于传说中的古希腊英雄 Achilles(阿基勒)永远追不上一只乌龟的悖论:

Achilles 与乌龟赛跑,假设开始时,乌龟在 Achilles 前面 1000 米处,Achilles 用乌龟速度的 10 倍追赶它,当 Achilles 跑完了这 1000 米时,乌龟向前跑了 100 米,当 Achilles 再跑完这 100 米时,乌龟又向前跑了 10 米,…,如此下去,Achilles 永远追不上乌龟。你能用级数的知识来说明这个悖论实际上是一种诡辩么?

解:设乌龟的速度为 v,则 Achilles 的速度为 $10v$,他跑完 1000 米所花的时间为 $\dfrac{100}{v}$,在这段时间内乌龟又爬了 100 米。

Achilles 为跑完这段路又花了时间 $\dfrac{10}{v}$,此时乌龟又在他前面 10 米处,…,以此类推,Achilles 需要追赶的全部路程为 $1000 + 100 + 10 + \cdots$

这是一个公比为 $\dfrac{1}{10}$ 的等比级数,易求得和为 $\dfrac{1000}{1 - \dfrac{1}{10}} =$

$\dfrac{10000}{9} = 1111 \dfrac{1}{9}$,也就是说,如果赛程比这个距离短,则乌龟胜,如果赛程恰好等于这个距离,则双方平,否则 Achilles 就要在距离起点 $1111 \dfrac{1}{9}$ 处追赶上并超过乌龟。

七、空间解析几何

◇ 基本知识回顾

一、向量

（一）向量的有关概念

空间两点 $M_1(x_1,y_1,z_1)$ 与 $M_2(x_2,y_2,z_2)$ 的距离

$$|M_1M_2| = \sqrt{(x_2-x_1)^2+(y_2-y_1)^2+(z_2-z_1)^2}$$

向量：有大小和方向的量称为向量。通常用有向线段表示向量记为 $\boldsymbol{a}$。

向量的坐标表达式：将向量的起点平移到原点 O，而终点为 $M(x,y,z)$ 则

$$\overrightarrow{OM}=x\vec{i}+y\vec{j}+z\vec{k} \text{ 或 } \overrightarrow{OM}=(x,y,z)。$$

上述两种表达式称为向量 $\overrightarrow{OM}$ 的坐标表达式。

向量 $\overrightarrow{OM}$ 的模 $|\overrightarrow{OM}| = \sqrt{x^2+y^2+z^2}$。

向量的方向余弦：设向量 $\overrightarrow{OM}$ 与坐标轴 Ox,Oy,Oz 正向的夹角依次为 α,β,γ。这三个角决定了向量的方向，称为向量的方向角。而 $\cos\alpha,\cos\beta,\cos\gamma$ 称为向量的方向余弦。

此时有：

$$\cos\alpha = \frac{x}{\sqrt{x^2 + y^2 + z^2}},$$

$$\cos\beta = \frac{y}{\sqrt{x^2 + y^2 + z^2}},$$

$$\cos\gamma = \frac{z}{\sqrt{x^2 + y^2 + z^2}},$$

且 $\cos^2\alpha + \cos^2\beta + \cos^2\gamma = 1$。

向量 $\overrightarrow{OM}$ 正方向上的单位向量为 $(\cos\alpha, \cos\beta, \cos\gamma)$。

（二）向量的线性运算和性质

1. 向量的加法与减法

设 $a = (a_1, a_2, a_3)$，$b = (b_1, b_2, b_3)$，则 $a \pm b = (a_1 \pm b_1, a_2 \pm b_2, a_3 \pm b_3)$。

2. 数乘向量

$$\lambda a = (\lambda a_1, \lambda a_2, \lambda a_3),$$

其中，λ 是数，λa 称为数 λ 与向量 a 的乘积，向量 λa 与 a 平行。

3. 向量的数量积

定义 1　设向量 a 与 b 的夹角为 θ，则称 $|a||b|\cos\theta$ 为向量 a 与 b 的数量积。记为 $a \cdot b$。

设 $a = (a_1, a_2, a_3)$，$b = (b_1, b_2, b_3)$，则

$$a \cdot b = a_1 b_1 + a_2 b_2 + a_3 b_3,$$

$$a^2 = a \cdot a = a_1^2 + a_2^2 + a_2^2,$$

$$|a| = \sqrt{a_1^2 + a_2^2 + a_3^2}。$$

性质　非零向量 a 与 b 垂直 $\Leftrightarrow a \cdot b = 0$ 或 $a_1 b_1 + a_2 b_2 + a_3 b_3 = 0$。

4.向量 a 在向量 b 上的投影

定义 2 $|a|\cos\theta$ 称为向量 a 在向量 b 上的投影。记为

$$\mathrm{Pr}j_b a = |a|\cos\theta = \frac{a \cdot b}{|b|}。$$

5.a 与 b 的向量积

定义 3   若向量 c 与向量 a、b 满足条件：

$(1)|c| = |a||b|\sin\theta$;

$(2)c \perp a$ 且 $c \perp b$;

$(3)a$、b、c 满足右手规则。

则称向量 c 为向量 a 与 b 的向量积,记为 $a \times b$。

若 $a = (a_1, a_2, a_3)$,$b = (b_1, b_2, b_3)$,则 $c = \begin{vmatrix} i & j & k \\ a_1 & a_2 & a_3 \\ b_1 & b_2 & b_3 \end{vmatrix}$。

性质   两个非零向量 a、b 平行 $\Leftrightarrow a \times b = 0$ 或 $\dfrac{a_1}{b_1} = \dfrac{a_2}{b_2} = \dfrac{a_3}{b_3}$。

6.向量的混合积

定义 4   数 $(a \times b) \cdot c$ 称为向量 a、b、c 的混合积,记为 $[abc]$。

若 $a = (a_1, a_2, a_3)$,$b = (b_1, b_2, b_3)$,$c = (c_1, c_2, c_3)$,则

$$(a \times b) \cdot c = \begin{vmatrix} a_1 & a_2 & a_3 \\ b_1 & b_2 & b_3 \\ c_1 & c_2 & c_3 \end{vmatrix}$$

混合积的几何意义：$|(a \times b) \cdot c|$ 表示以向量 a、b、c 的模为棱所构成的平行六面体的体积。

二、空间解析几何

(一)平面

1.平面方程的主要形式

(1)点法式方程。

过点 $M_0(x_0, y_0, z_0)$，以 $n = (A, B, C)$ 为法向量的点法式方程：

$$A(x-x_0) + B(y-y_0) + C(z-z_0) = 0。$$

(2)平面的截距式方程。

$$\frac{x}{a} + \frac{y}{b} + \frac{z}{c} = 1，$$

其中 a, b, c 分别是平面在 x 轴、y 轴、z 轴上的截距。

(3)平面的一般式方程。

$$Ax + By + Cz + D = 0，$$

其中法向量 $\overrightarrow{n} = (A, B, C)$。

2.两平面间的关系

设两平面：$\pi_1: A_1 x + B_1 y + C_1 z + D_1 = 0$ 和 $\pi_2: A_2 x + B_2 y + C_2 z + D_2 = 0$。

平面 π_1 与 π_2 平行 $\Leftrightarrow \dfrac{A_1}{A_2} = \dfrac{B_1}{B_2} = \dfrac{C_1}{C_2}$；

平面 π_1 与 π_2 垂直 $\Leftrightarrow A_1 A_2 + B_1 B_2 + C_1 C_2 = 0$。

设平面 π_1 与 π_2 的夹角为 φ，

则 $\cos\varphi = \dfrac{A_1 A_2 + B_1 B_2 + C_1 C_2}{\sqrt{A_1^2 + B_1^2 + C_1^2}\sqrt{A_2^2 + B_2^2 + C_2^2}}$。

3.点 $M_0(x_0, y_0, z_0)$ 到平面 π

点 $M_0(x_0, y_0, z_0)$ 到平面 $Ax + By + Cz + D = 0$ 的距离 d 为

$$d = \frac{|Ax_0 + By_0 + Cz_0 + D|}{\sqrt{A^2 + B^2 + C^2}}。$$

（二）直线

1. 直线方程的主要形式

（1）直线的点向式方程。

过点 $M_0(x_0, y_0, z_0)$，以 $s = (l, m, n)$ 为方向向量的点向式方程为

$$\frac{x - x_0}{l} = \frac{y - y_0}{m} = \frac{z - z_0}{n}。$$

（2）直线的参数式方程。

$$x = x_0 + lt, y = y_0 + mt, z = z_0 + nt,$$

其中，t 为参数，直线过点 $M_0(x_0, y_0, z_0)$，以 $s = (l, m, n)$ 为方向向量。

（3）直线的一般方程。

$$\begin{cases} A_1 x + B_1 y + C_1 z + D_1 = 0 \\ A_2 x + B_2 y + C_2 z + D_2 = 0 \end{cases}。$$

（4）直线的两点式方程。

过点 $M_1(x_1, y_1, z_1)$ 与 $M_2(x_2, y_2, z_2)$ 的直线方程为

$$\frac{x - x_1}{x_2 - x_1} = \frac{y - y_1}{y_2 - y_1} = \frac{z - z_1}{z_2 - z_1}。$$

2. 直线与直线的关系

设直线 l_1, l_2 的方程分别为

$$l_1 : \frac{x - x_1}{l_1} = \frac{y - y_1}{m_1} = \frac{z - z_1}{n_1};$$

$$l_2 : \frac{x - x_2}{l_2} = \frac{y - y_2}{m_2} = \frac{z - z_2}{n_2}。$$

直线 l_1 与 l_2 平行 $\Leftrightarrow \dfrac{l_1}{l_2} = \dfrac{m_1}{m_2} = \dfrac{n_1}{n_2}$；

直线 l_1 与 l_2 垂直 $\Leftrightarrow l_1 l_2 + m_1 m_2 + n_1 n_2 = 0$。

直线 l_1 与 l_2 的夹角为 φ，则

$$\cos\varphi = \frac{l_1 l_2 + m_1 m_2 + n_1 n_2}{\sqrt{l_1^2 + m_1^2 + n_1^2}\ \sqrt{l_2^2 + m_2^2 + n_2^2}}。$$

3. 直线与平面的关系

设直线 l 与平面 π 的方程分别为

$$l: \frac{x - x_0}{l} = \frac{y - y_0}{m} = \frac{z - z_0}{n}, \quad \pi: Ax + By + Cz + D = 0。$$

直线 l 与平面 π 垂直 $\Leftrightarrow \dfrac{A}{l} = \dfrac{B}{m} = \dfrac{C}{n}$；

直线 l 与平面 π 平行 $\Leftrightarrow Al + Bm + Cn = 0$。

4. 过直线 l 的平面束方程

设 $l:\begin{cases} A_1 x + B_1 y + C_1 z + D_1 = 0 \\ A_2 x + B_2 y + C_2 z + D_2 = 0 \end{cases}$，

则过 l 的平面束方程为

$$(A_1 x + B_1 y + C_1 z + D_1) + \lambda(A_2 x + B_2 y + C_2 z + D_2) = 0。$$

5. 曲面方程

定义 若曲面上任意点的坐标都满足某方程，而该方程的任意一组解所确定的点都在曲面上，则称曲面为方程的曲面，而称方程为曲面的方程。

6. 母线平行于坐标轴的柱面方程

若方程缺少一个变量，则称其为柱面方程。

7. 曲线方程

曲线方程分为两面式和参数式，即

$$\begin{cases} F(x,y,z)=0 \\ G(x,y,z)=0 \end{cases} \text{和} \begin{cases} x=\varphi(t) \\ y=\psi(t)\text{。} \\ z=\omega(t) \end{cases}$$

8. 旋转曲面

yOz 坐标面上的曲线 $l:\begin{cases} f(y,z)=0 \\ x=0 \end{cases}$ 绕 Oz 轴旋转一周所得

旋转曲面方程为

$$f(\pm\sqrt{x^2+y^2},z)=0\text{。}$$

9. 常用的二次曲面方程。

(1)球面方程 $(x-a)^2+(y-b)^2+(z-c)^2=R^2$；

(2)椭球面方程 $\dfrac{x^2}{a^2}+\dfrac{y^2}{b^2}+\dfrac{z^2}{c^2}=1$；

(3)单叶双曲面方程 $\dfrac{x^2}{a^2}+\dfrac{y^2}{b^2}-\dfrac{z^2}{c^2}=1$；

(4)双叶双曲面方程 $\dfrac{x^2}{a^2}-\dfrac{y^2}{b^2}-\dfrac{z^2}{c^2}=1$；

(5)椭圆抛物面方程 $\dfrac{x^2}{2p}+\dfrac{y^2}{2q}=z$（$p,q$ 同号）；

(6)双曲抛物面方程 $\dfrac{x^2}{2p}-\dfrac{y^2}{2q}=z$（$p,q$ 同号）；

(7)锥面方程 $\dfrac{x^2}{a^2}+\dfrac{y^2}{b^2}-\dfrac{z^2}{c^2}=0$。

案例 1　壁虎的进攻路线

在一个圆柱形水泥管上,有一只壁虎位于 A 点处,它发现在右上方不远处的 B 点处停着一只苍蝇,为了不让苍蝇逃走,壁虎需寻找最快的进攻路线吃掉苍蝇,问壁虎应该走怎样的进攻

路线？

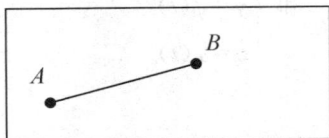

解：将圆柱形的侧面展开，得到一个矩形，在矩形上将 A 点与 B 点用直线连接，即得两点间最短距离。再将此矩形重新卷成之前的圆柱形，即得到壁虎吃掉苍蝇的最佳进攻路线。此路线即是圆柱螺线。

圆柱螺线的定义及方程如下：

设 $A(a,0,0)$，$a>0$，壁虎从 A 点开始沿圆柱面运动，一方面以角速度 ω 绕 z 轴旋转，同时又以速度 v 沿 z 轴正方向运动，记点 B (x,y,z)，则满足：

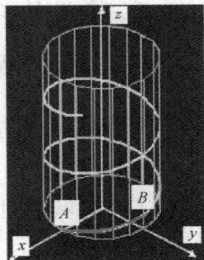

$$\begin{cases} x=a\cos\omega t \\ y=a\sin\omega t \ (0\leqslant t<+\infty)。 \\ z=vt \end{cases}$$

案例2 男生身体体形相似性的判断

现有甲、乙、丙、丁四名男生，已知他们的身高、胸围和体重的数据如下表所示。试建立数学模型判断这四名男生中哪两人的体形最相似？哪两名男生的体形相差最远？

男生	身高（cm）	胸围（cm）	体重（kg）
甲	186	120	85
乙	170	100	63
丙	168	94	60
丁	178	110	78

解: 下面用向量代数的方法来刻画男生体形的相似性问题。

设向量 $\alpha = \begin{bmatrix} a_1 \\ a_2 \\ a_3 \end{bmatrix}$，$\beta = \begin{bmatrix} b_1 \\ b_2 \\ b_3 \end{bmatrix}$，则两向量的夹角 θ 的余弦可用向量的内积来表示。

$$\cos\theta = \frac{\alpha \cdot \beta}{|\alpha||\beta|} = \frac{a_1 b_1 + a_2 b_2 + a_3 b_3}{\sqrt{a_1^2 + a_2^2 + a_3^2} \cdot \sqrt{b_1^2 + b_2^2 + b_3^2}}。$$

男生的体形特征可以用身高、胸围、体重组成一个三维向量来刻画。故可得 4 个向量分别代表男生甲、乙、丙、丁的体形特征。

$$\alpha_1 = \begin{bmatrix} 186 \\ 110 \\ 65 \end{bmatrix}，\alpha_2 = \begin{bmatrix} 170 \\ 100 \\ 65 \end{bmatrix}，\alpha_3 = \begin{bmatrix} 160 \\ 94 \\ 60 \end{bmatrix}，\alpha_4 = \begin{bmatrix} 178 \\ 120 \\ 85 \end{bmatrix}。$$

根据向量夹角的余弦公式，计算可得各向量之间夹角的余弦如下表所示。

向量夹角的余弦	α_1	α_2	α_3	α_4
α_1	0	0.9997	0.9998	0.9949
α_2	0.9997	0	1.0000	0.9966
α_3	0.9998	1.0000		0.9962
α_4	0.9949	0.9966	0.9962	

向量之间夹角的余弦越大，表示两夹角的角度越小。向量 α_2 和 α_3 夹角的余弦最大，约为 1，故可得出男生乙和男生丙的体形最相似。向量 α_1 和 α_4 夹角的余弦最小约为 0.9949，故可得出男生甲和男生丁的体形相差最远。

八、常微分方程

◇ 基本知识回顾

普通的微分方程的解法,在历史上已经分门别类固定下来,通常按照方程的类型特点,各自有特定的解法,即使某些题目有独特的技巧,也多半是转化为一些经典类型方程再来求解。所以本章主要学会辨认微分方程的形状,以及掌握每种形式的微分方程的解法。进而掌握从应用背景中提炼出数量关系,列出微分方程,求解现实问题。

(一)基本概念

微分方程的阶、通解、特解、初始条件。

分离变量方程、齐次方程、一阶线性方程、全微分方程、可降阶的高阶方程、常系数二阶线性方程,

(二)基本知识点

1.分离变量方程

对于 $f(x)\,dx = g(y)\,dy$,两边积分即得 $\int f(x)dx = \int g(y)dy$。

即 $F(x) = G(y) + C$,该式是原方程的隐函数形式的通解。

一般地,方程不会直接是分离变量方程,通常要进行一些运算变形处理,才会成为分离变量方程。

2. 齐次方程 $\dfrac{\mathrm{d}y}{\mathrm{d}x} = f(\dfrac{y}{x})$

令 $\dfrac{y}{x} = u(x), y = xu(x)$ 代入即得 $u + xu' = f(u)$,化为 $u' = \dfrac{\mathrm{d}u}{\mathrm{d}x} = \dfrac{f(u) - u}{x}$,这是一个分离变量方程,按分离变量方程解法即可解出。

3. 一阶线性齐次方程 $y' + p(x)y = 0$

这其实是分离变量方程 $\dfrac{\mathrm{d}y}{y} = p(x)\mathrm{d}x$,求得通解 $Ce^{-\int p(x)\mathrm{d}x}$。

对于一阶线性齐次方程 $y' + p(x)y = q(x)$,用常数变易法,求得通解

$$e^{-\int p(x)\mathrm{d}x}\left[\int q(x)e^{\int p(x)\mathrm{d}x}\mathrm{d}x + C\right]。$$

4. 全微分方程 $P(x, y)\mathrm{d}x + Q(x, y)\mathrm{d}y = 0$

该方程左端刚好是某个二元函数 $u(x, y)$ 的全微分。所以方程化为 $\mathrm{d}u(x, y) = 0, u(x, y) = C$,这是原方程的隐函数形式的通解。在求解二元函数 $u(x, y)$ 的过程中较多地使用到一元函数与多元函数微分积分知识,有些题目不会直接是全微分方程,需要某些技巧变形才会变成全微分方程。

5. 可降阶的高阶方程

不显含未知函数 y , $F(x, y', y'') = 0$, 只需令 $y' = z(x)$,则 $y'' = z'$。代入方程得 z 与 x 之间的一阶微分方程,$F(x, z, z') = 0$。

不显含自变量 x , $F(y, y', y'') = 0$,只需 $y' = z(y)$,则 $y'' = z \cdot z'$。代入方程得 z 与 y 之间的一阶微分方程,$F(y, z, z \cdot z') = 0$。

注意:以上两种降阶方法,粗看上去非常相似,实则内在大不同。引入的新函数 z 的自变量是 x 或 y,一定要分析辨认清楚。否则导致解题混乱错误。

6.常系数二阶线性齐次方程

对于 $y'' + py' + qy = 0$,参照原方程,写出特征方程 $r^2 + pr + q = 0$,根据特征方程的根与解的结构原理,写出原方程的通解。

特征根情况	原方程通解
两个不相等的实根 r_1, r_2	$C_1 e^{r_1 x} + C_2 e^{r_2 x}$
两个相等的实根 r	$e^{rx}[C_1 + C_2 x]$
两个虚数根 $\alpha + i\beta, a - i\beta$	$e^{\alpha x}[C_1 \cos\beta x + C_2 \sin\beta x]$

7.常系数二阶线性非齐次方程

根据解的结构原理,原方程通解=对应的齐次方程通解+原非齐次方程的一个特解。所以重点在于求解原方程的一个特解。

类型 1　$y'' + py' + qy = e^{\lambda x} P_n(x)$,$P$ 是 n 次多项式。λ 是特征方程的 k 重根,$k = 0, 1, 2$。

用待定系数法设特解 $y* = x^k e^{\lambda x} Q_n(x)$,$Q$ 是 n 次多项式,其系数待定,代入原式解出 Q 的系数即可。

类型 2　$y'' + py' + qy = e^{\lambda x}[P_s(x)\cos\beta x + Q_t(x)\sin\beta x]$,$P$ 是 s 次多项式。Q 是 t 次多项式。

$\alpha + i\beta$ 是特征方程的 k 重根,$k = 0, 1$。

用待定系数法设特解 $y* = x^k e^{\lambda x}[F_n(x)\cos\beta x + G_n(x)\sin\beta x]$,$F, G$ 都是 n 次多项式,$n = \max(s, t)$。代入原式解出 F,G 多项式的系数即可。

案例 1　国民生产总值

2010 年某国的国民生产总值(GDP)为 6.5 万亿美元。如果该国能保持每年 8% 的相对增长率,问到 2020 年该国的 GDP 是多少?

解:第一步,建立微分方程。

记 2010 年时 $t=0$,第 t 年该国的 GDP 为 $G(t)$。从 2010 年起 GDP 的相对增长率为 8%,则 $\dfrac{\dfrac{\mathrm{d}G(t)}{\mathrm{d}t}}{G(t)}=8\%$,

得微分方程 $G'(t)=0.08G(t)$,且 $G(0)=6.5$(万亿美元)。

第二步,求微分方程的通解。

此方程为可分离变量的方程,分离变量,得 $\dfrac{\mathrm{d}G(t)}{G(t)}=0.08\mathrm{d}t$,

积分,得 $\ln G(t)=0.08t+\ln C$,

即 $G(t)=C\mathrm{e}^{0.08t}$。

最后一步,求微分方程的特解。

将 $G(0)=6.5$ 代入通解,得 $C=6.5$。

所以,从 2010 年起第 t 年,该国的国民生产总值为 $G(t)=6.5\mathrm{e}^{0.08t}$。

将 $t=2020-2010=10$ 代入上式,得 2020 年该国的 GDP 预测值为

$$G(10)=6.5\mathrm{e}^{0.08\times10}\approx14.33(万亿美元)。$$

案例 2　环境污染问题

某池塘原有 20000 吨清水(指不含有害杂质),从时间 $t=0$ 开始,含有有害杂质 5% 的浊水流入该池塘。流入的速度为 $5t/\min$。在塘中充分混合(不考虑沉淀)后又以 $2t/\min$ 的速度流出池

塘。问：

(1)经过多长时间后塘中有害物质的浓度达到 4%？

(2)在经过相当长时间后,池塘中有害物质的浓度会达到 15%吗？

解:第一步,建立微分方程。

设在时刻 t,池塘中的有害物质含量为 $Q(t)$。此时有害物质浓度为 $\dfrac{Q(t)}{20000}$,$\dfrac{dQ}{dt}$ 是单位时间内塘中有害物质的变化量。

$$\frac{dQ}{dt}=5\%\times 5-\frac{Q(t)}{20000}\times 2=\frac{1}{4}-\frac{Q(t)}{10000}。$$

第二步,求微分方程的通解。

该微分方程是可分离变量方程,分离变量后,得

$$\frac{dQ}{2500-Q(t)}=\frac{1}{10000}dt,$$

积分,得 $\qquad Q(t)-2500=Ce^{-\frac{t}{10000}}$,

即 $\qquad Q(t)=2500+Ce^{-\frac{t}{10000}}$。

最后,求出方程的特解。

由 $t=0$ 时 $Q=0$,得,$C=-2500$,

故 $\qquad Q(t)=2500(1-e^{-\frac{t}{10000}})$。

当水塘中有害物质浓度达到 4% 时,应有有害物质 $Q=20000\times 4\%=800(t)$,

此时,$800=2500(1-e^{-\frac{t}{10000}})$,解得 $t\approx 3810(\min)$,

即经过约 3810min 后,池塘中有害物质浓度可达到 4%。

由于 $\lim\limits_{t\to +\infty}Q(t)=2500$,可见池塘中的有害物质最终浓度只会达到 $\dfrac{2500}{20000}=12.5\%$,无论经过多长时间,有害物质浓度也不会达到 15%。

案例 3　制作葡萄糖水

一容器内盛有 $100\,L$ 的葡萄糖水溶液,其中含有 $20\,g$ 的葡萄糖。现将每升含葡萄糖 $2\,g$ 的溶液以 $10\,L/min$ 的速度注入容器,并不断进行搅拌,使混合液迅速达到均匀。同时,混合液以 $5\,L/min$ 的速度流出。问在任意时刻 t 时容器中含有葡萄糖多少克?

解:第一步,建立微分方程。

设 t 时刻容器中含葡萄糖量为 x 克,容器中含葡萄糖量的变化率为

$$\frac{\mathrm{d}x}{\mathrm{d}t}=葡萄糖流入容器的速度-葡萄糖流出容器的速度。$$

其中,葡萄糖流入容器的速度 $=2\,(g/L)\times10\,(L/min)=20$ (g/min),

葡萄糖流出容器的速度 $=\dfrac{x}{100+10t}\,(g/L)\times5\,(L/min)=$ $\dfrac{5x}{100+10t}(g/min)$,

因此,有 $\dfrac{\mathrm{d}x}{\mathrm{d}t}=20-\dfrac{5x}{100+10t}$。

第二步,求上述微分方程的通解。

易知,此为一阶线性非齐次方程,由通解公式知,

$$x=\mathrm{e}^{-\int\frac{5}{100+10t}\mathrm{d}t}\left[\int20\mathrm{e}^{\int\frac{5}{100+10t}\mathrm{d}t}\,\mathrm{d}t+C\right]=C(100+10t)^{-\frac{1}{2}}+\frac{40}{3}t+\frac{400}{3}。$$

最后,求特解。

由题意知,有初始条件 $x\big|_{t=0}=20$,代入通解,得 $C=-\dfrac{3400}{3}$。

所以,在时刻 t 容器内的含盐量为

$$x = \frac{40}{3}t + \frac{400}{3} - \frac{3400}{3}(100+10t)^{-\frac{1}{2}}(\text{g})。$$

案例4 时间推断问题

按照牛顿冷却定理,温度的变化率与体温和空气温度的差成正比。若人在死亡之后,尸体的温度从正常体温 37℃ 开始下降,并且假设两个小时之后尸体温度变为 35℃,假设空气温度始终保持为 20℃,试求尸体温度与时间的变化规律。又若此人的尸体是在下午 4 点钟发现的,此时尸体温度为 30℃,那么此人是何时死亡的?

解:设尸体的温度为 $T(t)$,那么 $\dfrac{\mathrm{d}T(t)}{\mathrm{d}t} = -K(T-20)$,且 $T(0)=37$。

积分得 $T = 20 + 17\mathrm{e}^{-kt}$,$T(2)=35$,得到 $k=0.063$,

$\therefore T = 20 + 17\mathrm{e}^{-0.063t}$。

当 $T(t)=30$ 时,$30 = 20 + 17\mathrm{e}^{-0.063t}$,$t = \dfrac{Cn\dfrac{17}{30-20}}{0.063} \approx 8.4$,

所以此人的死亡时间应该是 7 点 36 分。

案例5 锥形桶绕绳问题

有一锥形桶,底面半径为 R,高位 h。现沿桶身缠绕一条细绳。建立坐标系如图:以底面为 XOY 平面。要求细绳所在的曲线在每一点的切线与平行 Z 轴的直线的夹角为 $\dfrac{\pi}{4}$。缠绕细绳的起始点在 $(R,0,0)$,试求细绳所在的曲线方程。

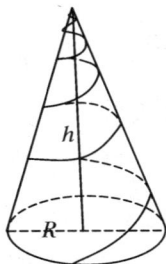

解：在曲线上任取一点为 (x, y, z)。

$\therefore \dfrac{h-z}{h} = \dfrac{r}{R}$,

曲线的参数方程为 $\begin{cases} x = r(\theta)\cos\theta \\ y = r(\theta)\sin\theta \\ z = h - \dfrac{h}{R}r(\theta) \end{cases}$ $0 \leqslant \theta \leqslant 2\pi$,

那么曲线在 (x, y, z) 的切向量为：

$\vec{n} = (x'(\theta), y'(\theta), z'(\theta))$

$= (r'(\theta)\cos\theta - r(\theta)\sin\theta, r'(\theta)\sin\theta + r(\theta)\cos\theta, -\dfrac{h}{R}r'(\theta))$,

Z 轴方向为 $\vec{k} = (0, 0, 1)$,

由题意 $(\vec{k}, \vec{n}) = \dfrac{\pi}{4}$,

$\therefore \cos\dfrac{\pi}{4} = \dfrac{\vec{n} \cdot \vec{k}}{|\vec{n}| |\vec{k}|} = \dfrac{-\dfrac{h}{k}r'(\theta)}{\sqrt{(r'\theta)^2 + r^2(\theta) + \dfrac{h^2}{R^2}(r'(\theta))^2}} = \dfrac{1}{\sqrt{2}}$。

上式两边平方化简得到：$r'(\theta) = \dfrac{\pm Rr}{\sqrt{h^2 - R^2}}$,根据实际意义,

$r'(\theta) = \dfrac{\mathrm{d}r}{\mathrm{d}\theta} < 0$,所以

$$\frac{\mathrm{d}r}{\mathrm{d}\theta}=\frac{-Rr}{\sqrt{h^2-R^2}},\int\frac{1}{r}\,dr=-\int\frac{R}{\sqrt{h^2-R^2}}\mathrm{d}\theta,$$

解得 $r=r(\theta)=ce^{-\frac{R}{\sqrt{h^2-R^2}}\theta}$

又由初始条件：$\theta=0$ 时，$r=R$，得 $C=R$，固 $r(0)=Re^{-\frac{R}{\sqrt{h^2-R^2}}}\theta$，

因而可以得到曲线的参数方程为
$$\begin{cases} x=Re^{-\frac{R}{h^2-R^2}\theta}\cos\theta \\ y=Re^{-\frac{R}{\sqrt{h^2-R^2}}\theta}\sin\theta\ (0\leqslant\theta\leqslant2\pi) \\ z=h-he^{-\frac{R}{\sqrt{h^2-R^2}}\theta} \end{cases}$$

案例 6　制导鱼雷追踪线路图问题

如图所示的坐标系中，位于坐标原点的 P 舰向位于 x 轴上 $(1,0)$ 点处的 Q 舰发射制导鱼雷，Q 舰以恒速 V_0 向平行于 y 轴的方向前进，鱼雷的速率为 $2V_0$，且始终对准 Q 舰，求鱼雷追踪 Q 舰的航行曲线方程。

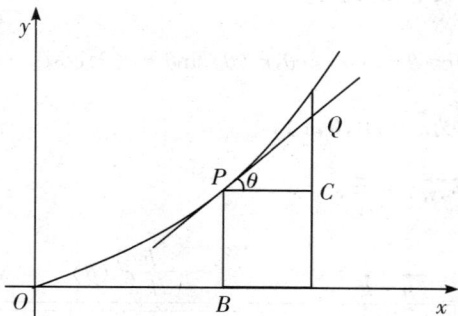

解：设鱼雷的航行曲线方程为 $y=y(x)$，在经过时间 t 后，鱼雷位于点 $P(x,y)$，而 Q 舰的坐标是 $(1,V_0t)$，

鱼雷始终对准 Q 舰，那么 $y'=\dfrac{V_0t-y}{1-x}$①，

鱼雷航行时间 t 后的位移为曲线 OP，所以

$$\int_0^x \sqrt{1 + (y')^2}\, \mathrm{d}x = 2V_0 t ② ,$$

联立 ①、② 两式得到：

$$(1 - x)y' + y = \frac{1}{2}\int_0^x \sqrt{1 + (y')^2}\, \mathrm{d}x ,$$

求导得到 $(1 - x)y'' = \dfrac{1}{2}\sqrt{1 + (y')^2}$ ③，

现求解微分方程 $\begin{cases} (1-x)y'' = \dfrac{1}{2}\sqrt{1+(y')^2} \\ y(0) = 0 \\ y'(0) = 0 \end{cases}$ ，

令 $y' = p$，$y'' = p' = \dfrac{\mathrm{d}p}{\mathrm{d}x}$，方程化为 $(1-x)p' = \dfrac{1}{2}\sqrt{1+p^2}$，

分离变量得到 $\dfrac{\mathrm{d}p}{\sqrt{1+p^2}} = \dfrac{1}{2(1-x)}\mathrm{d}x$，积分得到

$p + \sqrt{1+p^2} = C_1(1-x)^{-\frac{1}{2}}$，由 $y(0) = 0$，有 $C_1 = 1$，

所以 $y' + \sqrt{1 + (y')^2} = (1-x)^{-\frac{1}{2}}$，

求得 $y' = \dfrac{1}{2}(1-x)^{-\frac{1}{2}} - \dfrac{1}{2}(1-x)^{\frac{1}{2}}$，

积分：$y = -(1-x)^{\frac{1}{2}} + \dfrac{1}{3}(1-x)^{\frac{3}{2}} + C_2$，

由 $y'(0) = 0$，得 $C_2 = \dfrac{2}{3}$。

所以鱼雷的航行曲线为 $y = -(1-x)^{\frac{1}{2}} + \dfrac{1}{3}(1-x)^{\frac{3}{2}} + \dfrac{2}{3}$。

案例 7　新技术的推广问题

新技术的推广、应用一般是通过已掌握新技术的人向某一人群进行推广和传播的。假设该人群的总人数为 N，在 $t_0 = 0$ 时刻

已掌握新技术的人数为 a，在任意时刻 t，已掌握新技术的人数为 $y(t)$（将 $y(t)$ 视为连续的可微变量），其变化率与已掌握新技术的人数与未掌握新技术的人数之积成正比，比例常数 $k>0$，求 $y(t)$。

解：由题意建立微分方程

$$\begin{cases} \dfrac{\mathrm{d}y}{\mathrm{d}t}=ky(N-y) \\ y\Big|_{t=0}=a, \end{cases}$$

方程为可分离变量方程，解微分方程得 $y=\dfrac{Nce^{kNt}}{1+ce^{kNt}}$，

将 $y(0)=a$ 代入微分方程的解得 $c=\dfrac{a}{N-a}$，

故 $y=\dfrac{aNe^{kNt}}{N-a+ae^{kNt}}$。

案例 8 建立微分方程及函数关系

设仪器在重力的作用下，在海试船上从海平面由静止开始铅直下沉，在仪器下沉的过程中受到阻力和浮力的作用。假设仪器的质量为 m，体积为 A，海水的比重为 ρ，仪器所受阻力与下沉速度成正比，比例系数为 $k(k>0)$，试建立仪器下沉的深度 y 与下沉速度 v 满足的微分方程，并求 y 与 v 的函数关系式。

解：取沉放点为原点 o，oy 轴的正方向铅直向下，由牛顿第二定律可得：$m\cdot\dfrac{\mathrm{d}^2y}{\mathrm{d}t^2}=mg-A\rho-kv$，

初始条件：$\dfrac{v}{t=0}=0$，$\dfrac{y}{t=0}=0$。

其中 $v=\dfrac{\mathrm{d}y}{\mathrm{d}t}$，将 y 转化成 v 的关系：

$$\dfrac{\mathrm{d}^2y}{\mathrm{d}t^2}=\dfrac{\mathrm{d}}{\mathrm{d}t}\left(\dfrac{\mathrm{d}y}{\mathrm{d}t}\right)=\dfrac{\mathrm{d}v}{\mathrm{d}y}\cdot\dfrac{\mathrm{d}y}{\mathrm{d}t}=v\cdot\dfrac{\mathrm{d}v}{\mathrm{d}y}（将 v 看成 y 的函数），$$

$\therefore mv \cdot \dfrac{\mathrm{d}v}{\mathrm{d}y} = mg - A\rho - kv$ 为可分离变量的微分方程，

求解得 $y = -\dfrac{m}{k}v - \dfrac{m(mg - A\rho)}{k^2}\ln(mg - A\rho - kv) + c$。

由初始条件 $\dfrac{v}{y=0} = 0$ 得 $c = \dfrac{m(mg - A\rho)}{k^2}\ln(mg - A\rho)$，

$\therefore y = -\dfrac{m}{k}v - \dfrac{m(mg - A\rho)}{k^2}\ln\dfrac{mg - A\rho - kv}{mg - A\rho}$。

案例 9　降污问题

某湖泊的水容量为 V，由于受上游排污的影响，每年流入湖泊内含污染物甲的污水量为 $\dfrac{V}{6}$，流入湖泊内不含污染物甲的污水量为 $\dfrac{V}{6}$，流出湖泊的水量为 $\dfrac{V}{3}$。假设 2009 年底湖中甲物的含量为 5m，超过了国家规定的指标。为了保护环境，治理污染，从 2010 年起，对排入湖泊中含甲污水的浓度限定为不超过 $\dfrac{m_0}{V}$，求至少经过多少年，湖泊中污染物甲的含量会降至 m_0 以内？（假设湖中污染物甲的浓度是均匀的）

解：设从 2010 年初（令此时 $t = 0$）开始，第 t 年湖泊中的污染物甲的总量为 m，浓度为 $\dfrac{m}{V}$，则在时间间隔 $[t, t+\mathrm{d}t]$ 内，排入湖泊中甲的量为：$\dfrac{m_0}{V} \cdot \dfrac{V}{6}\mathrm{d}t = \dfrac{m_0}{6}\mathrm{d}t$，

流出湖泊中污染物甲的量为：$\dfrac{m}{V} \cdot \dfrac{V}{3}\mathrm{d}t = \dfrac{m}{3}\mathrm{d}t$，

所以在此时间段内湖泊中污染物甲的改变量 $\mathrm{d}m = (\dfrac{m_0}{6} - \dfrac{m}{3})\mathrm{d}t$，

初始条件：$m\Big|_{t=0}=5m_0$，

解可分离变量方程得：$m=\dfrac{m_0}{2}-c\mathrm{e}^{-\frac{t}{3}}$，

代入初始条件得：$c=-\dfrac{9}{2}m_0$，

所以 $m=\dfrac{m_0}{2}(1+9\mathrm{e}^{-\frac{t}{3}})$，

令 $m=m_0$，解得 $t=6\ln 3$，

所以最多经过 $6\ln 3$ 年，湖泊中污染物甲的含量可降至 m_0 以内。

案例 10　雪的融化问题

雪遇热会渐渐融化，一个半球体的雪堆，其体积融化的速度与半球面的面积成正比，比例系数为 $k>0$，假设雪堆融化时始终保持半球体状态。已知半径为 r_0 的雪堆在开始融化的 3 小时内，融化了体积的 $\dfrac{7}{8}$，问雪堆全部融化需多长时间？

解：设 t 时刻雪堆的体积 $V=\dfrac{2}{3}\pi r^3$，半球面的表面积 $S=2\pi r^2$，

由已知：$\dfrac{\mathrm{d}V}{\mathrm{d}t}=2\pi r^2\cdot\dfrac{\mathrm{d}r}{\mathrm{d}t}=-kS=-2\pi kr^2$，

$\therefore\dfrac{\mathrm{d}r}{\mathrm{d}t}=-k$ 且 $\dfrac{r}{t}\Big|_{=0}=r_0$。

解微分方程得通解 $r=-kt+c$，由初始条件得 $c=r_0$，

所以：$r=r_0-kt$，

又因 $V\Big|_{t=3}=\dfrac{1}{8}V\Big|_{t=0}$ 得 $\dfrac{2}{3}\pi(r_0-3k)^3=\dfrac{1}{8}\cdot\dfrac{2}{3}\pi r_0^3$，

解得 $k=\dfrac{1}{6}r_0$。

雪堆全部融化时 $r=0$,可得 $t=6$。

案例 11 瓶内水温的变化问题

经实验得知物体在露天中冷却的速度与物体及露天空气的温度成正比。设有一瓶热水,水温是 100℃,此时的空气温度为 10℃,经过 10 小时后,瓶内水温绛到 70℃,求瓶内水温的变化规律。

解:设时间为 t 时温度为 T,显然 $T=T(t)$,

由已知 $\dfrac{\mathrm{d}T}{\mathrm{d}t}=-k(T-10)(t>0,\dfrac{\mathrm{d}T}{\mathrm{d}t}<0,T\geqslant 10)$,

解一次线微分方程得:$T=c\mathrm{e}^{-kt}+10$,

又因 $\dfrac{T}{t=0}=100$,所以 $c=90$,

特解 $T=90\mathrm{e}^{-kt}+10$,

又因 $\dfrac{T}{t=10}=70$,代入上式解得 $k=\dfrac{1}{10}\ln\dfrac{3}{2}\approx 0.4055$,

瓶内温度与时间的函数关系:$T=90\mathrm{e}^{-0.4055t}+10$。

案例 12 汽艇的速度问题

已知物体在静水中的运动速度与水的阻力成正比,若一汽艇以 20 km/h 的速度在静水中关闭了发动机,经过 10 秒后汽艇的速度降至 $v=10$ km/h ,求发动机停止 2 分钟后汽艇的速度。

解:设发动机关闭后 t 时刻的汽艇水速为 $v=v(t)$,

阻力 $f=-kv$($k>0$, f 与 v 反向),

由牛顿第二定律 $m\cdot\dfrac{\mathrm{d}v}{\mathrm{d}t}=-kv$($m$—汽艇质量),

$\therefore \dfrac{\mathrm{d}v}{\mathrm{d}t}+\dfrac{k}{m}v=0$,

解微分方程得：$v = c\mathrm{e}^{-\frac{k}{m}t}$，

$\because v(0) = 20 \text{ km/h}, \therefore c = 20$，

$v = 20\mathrm{e}^{-\frac{k}{m}t}$。

由已知 $v(\frac{10}{3600}) = 10 \text{ km/h} \Rightarrow -\frac{k}{m} = -360\ln 2$，

$\therefore v(t) = 20\mathrm{e}^{(-360\ln 2)t}$，

$\therefore v(\frac{2}{60}) = 20\mathrm{e}^{(-360\ln 2)\frac{2}{60}} = 20(\frac{1}{2})^{12} \approx 0.004883 \text{ km/h}$。

案例 13　浮筒的质量问题

将直径为 0.5 米的圆柱形浮筒竖直放入水中，稍用力向下压后突然放开，若浮筒在水中上下振动的周期为 4 秒，求浮筒的质量。

解：建立坐标系，将原点设在水面处，y 轴的正向竖直向下，平衡状态时浮筒上一点 A 在水平面处，设在时刻 t，点 A 的位置 $y = y(t)$，此时受到浮力的大小为 $1000g\pi R^2 |y|$（R 为浮筒的半径），浮力的方向与位移的方向相反，由牛顿第二定律

$ma = -1000g\pi R^2 y$，即 $my'' = -1000g\pi R^2 y$，

记 $\omega^2 = \dfrac{1000g\pi R^2}{m}$，得 $y'' + \omega^2 y = 0$。

解二阶常系数齐次微分方程得：$y(t) = C_1\cos\omega t + C_2\sin\omega t$，

$\therefore y = A\sin(\omega t + \varphi)$，其中：$A = \sqrt{C_1^2 + C_2^2}$，$\sin\varphi = \dfrac{C_1}{A}$，

振动周期 $T = \dfrac{2\pi}{\omega} = 4$，所以 $\omega = \dfrac{\pi}{2}$，

即 $\dfrac{1000g\pi R^2}{m} = \dfrac{\pi^2}{4}$，解得 $m = \dfrac{4000gR^2}{\pi} \approx 780(\text{kg})$。

案例 14　大气中温室气体（CO_2）的含量

人类的工业生产与生活要释放出温室气体 CO_2。释放 CO_2 的速度是固定的，每年排除 a 吨。植物光合作用需要吸收 CO_2，CO_2 越多，光合作用越强，植物吸收 CO_2 越快，生长越茂盛。CO_2 如果彻底没了，植物全都"饿"死，动物则间接"饿"死。因此，植物吸收 CO_2 的速度与当时大气里 CO_2 的含量成正比。列出描述大气层里 CO_2 含量的微分方程并求解，自变量是时间 t。当时刻 $t=0$，大气中二氧化碳含量是 $G(0)$。

解：设时刻 t 时，大气层里二氧化碳含量为 $G(t)$。二氧化碳含量变化的速率等于增加速率 a 与减少速率 $kG(t)$ 的差，k 是比例常数。即

$$\frac{\mathrm{d}G}{\mathrm{d}t}=a-kG,$$

一阶常系数线性非齐次方程通解为

$$G(t)=\frac{a}{k}+Ce^{-kt}。$$

初始条件是

$$G(0)=\frac{a}{k}+C,\ 得\ C=G(0)-\frac{a}{k}。$$

所以

$$G(t)=\frac{a}{k}+\left[G(0)-\frac{a}{k}\right]e^{-kt}。$$

注：本题还可衍生为：（1）往生物体内匀速注射某种药物或物质，生物体自己具有分解该药物活物质的能力，分解速度与当时的含量成正比。求该药物或物质含量的函数。（2）由于灾害，核反应堆与核电站受损，放射性污染物源源不断匀速泄露出来污染

环境,与此同时,泄露出的放射性元素具有衰变现象,含量会减少,衰变速度与当时的含量成正比。求放射性元素含量的函数。

(3)假设药物或污染物不再源源不断产生,求药物或污染物含量变化的函数,这是最简单的情形。

案例 15 三星堆出土文物年代的鉴定

问题背景:

(1)考古地质等学科里常用^{14}C测定法,称为碳定年代法,^{14}C是^{12}C的同位素。所不同的是^{14}C放射性元素,会衰变。其他性质与^{12}C没差别。宇宙射线照射在大气分子上,使之产生中子,中子与氮气作用生成元素^{14}C,这种^{14}C氧化后成为CO_2,被植物吸收,动物吃植物,动物之间还有食物链,这样^{14}C就传递到各种动植物体内,无论他们活着或死去或变为化石。^{14}C是放射性的,无论任何时候它都在不断衰变。活着的生物通过新陈代谢不断吸收食物与空气中的^{14}C,其体内的^{14}C含量百分比与空气中相同,达到平衡,古代现代都相同,因为大气中^{14}C含量没变化过。但是死亡后停止摄取^{14}C,尸体内^{14}C由于衰变而不断减少。根据^{14}C含量减少的情况可以判断生物生活在古代的大致年代。

(2)物体内的^{14}C含量很难真正测得,但是可以测得^{14}C的衰变减少的量,除以测试所用的时间长度,得到衰变速度。放射性元素衰变速度与当时元素含量成正比,可以间接推知其体内的^{14}C含量。

(3)通常认为中国古代文明最早出现在中原河南,那里出土了殷商时期的文物实物,考古结论是距今约 3600 年。更早的夏朝与尧舜禹至今尚无任何出土文物实物为证,只存在于书籍与传说中,耳听为虚,不能眼见为实。公元 2000 年左右,在四川广汉出土了一些奇怪的古代文物,也有人类与动植物尸骨,以及各种灰烬、木炭、青铜器。有人猜测这是中原先民迁徙到四川带来的中原文明,但是这些文物的形象与中原的完全不一样,尤其人俑与面具等面部特征与中原的极为不同。有人推断这可能是另一个与中原文化独立的、互不影响的另一支文明,并设法证明其年代远在殷商之前。

(4)三星堆出土的灰烬或木炭之类的物品中,^{14}C 原子衰变速度是 17.21 次/分。而新砍伐烧成的木炭或灰烬中 ^{14}C 的衰变速度是 38.37 次/分。^{14}C 的半衰期是 5568 年,即 ^{14}C 衰变后只剩下最初含量的一半所需的时间。新鲜炭灰里的 ^{14}C 含量百分比与大气中相同,从远古至今都没变化,因此其新鲜炭灰里的 ^{14}C 衰变速度是固定的。碳的半衰期是 ^{14}C 元素自身固有的,从远古至今也不变化。试估算三星堆文物距今年代。

解:从三星堆文物被掩埋在地下那时候开始,第 t 年,文物中的 ^{14}C 含量为 $x(t)$,

由衰变速度与含量成正比,得微分方程

$\dfrac{\mathrm{d}x}{\mathrm{d}t} = -kx$,$k > 0$,是比例常数。

负号表示 ^{14}C 含量递减,导数 <0。该微分方程通解是

$x(t) = C\mathrm{e}^{-kt}$。

设文物刚掩埋的时间 $t=0$,那时 ^{14}C 含量 x_0,代入通解得特解

$$x(t) = x_0 \mathrm{e}^{-kt} \tag{①}$$

^{14}C 的半衰期为 $T = 5568$ 年,则 $x(T) = x_0 \mathrm{e}^{-kT} = \dfrac{x_0}{2}$,得 $k = \dfrac{\ln 2}{T}$,所以 $x(t) = x_0 \mathrm{e}^{-\frac{\ln 2}{T}t}$,解出 $t = \dfrac{T}{\ln 2}\ln\left(\dfrac{x_0}{x(t)}\right)$ $\qquad$ ②

文物内初始 ^{14}C 的含量 x_0，与现在 ^{14}C 的含量 $x(t)$，都不好测定。所以不容易算出 t。

对①式两边求导，$x'(t) = -x_0 k e^{-kt} = -kx(t)$，　　　③

令 $t=0$ 代入，$x'(0) = -kx(0) = -kx_0$　　　④

将④式除以③式得 $\dfrac{x'(0)}{x'(t)} = \dfrac{x_0}{x(t)}$　　　⑤

代入②式，得 $t = \dfrac{T}{\ln 2} \ln\left(\dfrac{x'(0)}{x'(t)} \right)$，　　　⑥

现在已知 $x'(0) = 38.37, x'(t) = 17.21, T = 5568$. 代入⑥式得 $t = \dfrac{5568}{\ln 2} \ln\left(\dfrac{38.37}{17.21} \right) = 6440$ 年。结论是三星堆文明大致在 6440 年前。比殷商文明早 3000 多年，应该和殷商文明没有关系。那么中华文明历史的源头，除了中原，也可以说还有四川的古蜀文明。

注：⑤式 $\dfrac{x_0}{x(t)} = \dfrac{x'(0)}{x'(t)}$ 还可以不加推导直接由观察得到，衰变速度与含量成正比，比例系数永远是固定的。含量多，则衰变速度快，含量少则衰变速度慢。所以两个不同时刻的 ^{14}C 的含量之比，可以换成用两个时刻的 ^{14}C 衰变速度之比来代替。$\dfrac{x_0}{x(t)} = \dfrac{x'(0)}{x'(t)}$。$^{14}C$ 的含量不容易测得，^{14}C 的衰变速度却容易测得。

案例 16　暖水瓶降温的问题

设暖水瓶内热水温度为 T，室内温度为 T_0，t 为时间（单位：小时），根据实验，热水温度的降低率与 $T - T_0$ 成正比，求 T 与 t 的函数关系。

解：由题意，T 满足的方程为 $\dfrac{\mathrm{d}T}{\mathrm{d}t} = -k(T - T_0)$，$k > 0$ 为常

数,取负号是由于 $\frac{\mathrm{d}T}{\mathrm{d}t}<0$。此方程为可分离变量方程,分离变量,两边积分,得通解 $T=T_0+Ge^{-kt}$(C 为任意常数)。

案例 17　飞机减速伞的设计与应用

当机场跑道长度不足的时候,常常使用减速伞作为飞机的减速装置,在飞机接触跑道开始着陆时,由飞机尾部张开一幅减速伞,利用空气对伞的阻力减少飞机的滑跑距离,保障飞机在较短的跑道上安全着陆。

(1)一架重 4.5 T 的歼击机以每小时 600 km 的航速开始着陆,在减速伞的作用下滑跑 500 m 后速度减为每小时 100 km,设减速伞的阻力与飞机的速度成正比,并忽略飞机所受的其他外力,试计算减速伞的阻力系数。

(2)将同样的减速伞装备在 9 T 重的轰炸机上,已知机场跑道长 1500 m,若飞机着陆速度为每小时 700 km,问跑道长度能否保障飞机安全着陆?

解:(1)设飞机质量为 m,着陆速度为 V_0,若从飞机接触跑道时开始计时,飞机的滑跑距离为 $x(t)$,飞机的速度为 $v(t)=x'(t)$,减速伞的阻力为 $-kv(t)$,其中 k 为阻力系数。根据牛顿第二运动定律可得出运动方程为 $mv'(t)=-kv(t)$,

而 $V'(t)=v(t)\cdot\dfrac{\mathrm{d}v}{\mathrm{d}x}$,

故代入得可分离变量的方程 $\dfrac{\mathrm{d}v}{\mathrm{d}x}=-\dfrac{k}{m}$,

由此计算出 $k=\dfrac{m[V_0-v(t)]}{x(t)}$,

将数据代入,得出阻力系数 $k=4500000$ kg/h。

（2）由 $mv'(t) = -kv(t)$，

得 $v(t) = v_0 e^{-\frac{k}{m}t}$，

利用 $v(t) = x'(t)$ 再积分一次可得 $x(t) = \frac{mv_0}{k}\left[1 - e^{-\frac{k}{m}t}\right]$

$\leqslant \frac{mv_0}{k}$，

将数据代入可得 $\dfrac{mv_0}{k} = \dfrac{9000 \times 700}{4500000} = 14000$ m $<$ 1500m，

所以飞机可以在此跑道上安全着陆。

案例 18 陨石的质量

当陨石穿过大气层向地面高速坠落时，陨石表面与空气摩擦所产生的高热使陨石的质量不断挥发，试验表明，陨石挥发的速度与陨石的表面积成正比。若假设陨石是质量均匀的球体，试求出陨石的质量 m 关于时间 t 的函数表达式。

解：设 t 时刻陨石的半径为 $r(t)$，质量为 $m(t)$，表面积为 $s(t)$。由题设可知

$$s(t) = 4\pi r^2(t), m(t) = \rho \frac{4}{3}\pi r^3(t),$$

消去 $r(t)$ 后，得 $s(t) = 4\pi\left(\dfrac{3m(t)}{4\pi\rho}\right)^{\frac{2}{3}}$，

根据题意 $m(t) = -ks(t)$

$$= -4\pi k\left(\frac{3}{4\pi\rho}\right)^{\frac{2}{3}} \cdot [m(t)]^{\frac{2}{3}}$$

$$= -a[m(t)]^{\frac{2}{3}}$$

其中 $a = 4\pi k\left(\dfrac{3}{4\pi\rho}\right)^{\frac{2}{3}}$，

由分离变量法计算可得 $m(t) = \left(\dfrac{C - at}{3}\right)^3$，

若陨石到达地面的时刻为 t_0，此时陨石的质量为 m_0，根据此初始条件可求出

$$C = 3\sqrt[3]{m_0} + at_0,$$

代入求出 $m(t) = [\sqrt[3]{m_0} + \dfrac{a}{3}(t_0 - t)]^3,$

其中 $a = 4\pi k \left(\dfrac{3}{4\pi\rho}\right)^{\frac{2}{3}}$。

案例 19 马尔萨斯人口方程

英国人口学家马尔萨斯(Malthus,1766—1834)根据百余年的人口统计资料,与1798年提出了人口指数增长模型。他的基本假设是:单位时间内人口的增长量与当时的人口总数成正比,若已知 $t = t_0$ 时的人口总数为 x_0,试根据马尔萨斯假设确定出时间 t 与人口总数 $x(t)$ 之间的函数关系。根据我国国家统计局 1990 年 10 月 30 日发表的公报,1990 年 7 月 1 日我国人口总数为 11.6 亿,过去 8 年的年人口平均增长率为千分之 14.8,若今后的年增长率保持这个数字,试用马尔萨斯方程预报 2000 年我国的人口总数。

解:记时间 t 时的人口总数为 $x(t)$,设单位时间内人口的增长量与当时人口总数之比为 r,r 是与时间无关的常数,根据马尔萨斯假设,$\dfrac{x(t+\Delta t) - x(t)}{\Delta t} = r \cdot x(t)$,

令 $\Delta t \to 0$,得下述微分方程:$\begin{cases} x'(t) = rx(t) \\ x(t_0) = x_0 \end{cases}$,

这是一个可分离变量的方程,容易解出方程满足初始条件的解为 $x(t) = x_0 e^{r(t-t_0)}$,

将 $t = 200, t_0 = 1990, r = 0.0148$ 代入,可预报出 2000 年我国的人口总数为 $x(2000) = 11.6 e^{0.0148(2000-1990)} \approx 13.45$ 亿。

参考文献

[1]吴云宗,继凯.实用高等数学[M].北京:高等教育出版社,2006.

[2]罗蕴玲,安建业,程伟,等.高等数学及其应用[M].北京:高等教育出版社,2010.

[3]李心灿,姚金华,邵鸿飞.高等数学应用205例[M].北京:高等教育出版社,1997.

[4]金慧萍,吴妙仙.高等数学应用100例[M].杭州:浙江大学出版社,2011.

[5]魏贵民,郭科.理工数学实验[M].北京:高等教育出版社,2003.

[6]马明环,解术霞.高等数学[M].北京:高等教育出版社,2010.

[7]徐兵,韩於羹.新编硕士研究生数学入学考试复习指导[M].北京:北京航空航天大学出版社,2003.

[8]同济大学数学系.高等数学[M].北京:高等教育出版社,2008.

[9]李心灿.高等数学应用205例[M].北京:高等教育出版社,1997.

[10]张博.高等数学(经管类)[M].北京:高等教育出版社,2008.

[11]王绵森,马知恩.一元函数微积分与无穷级数[M].北京:高等教育出版社,2004.

[12]盛祥耀,居余马,李欧,等.高等数学[M].北京:高等教育出版社,1985.